TEA BOOK

品茶有講究

泡好一壺茶

鄭春英　主編

南門書局　南門書局

品茶有講究・泡好一壺茶

主　　編 / 鄭春英

發 行 人 / 王櫻蓉

編輯策劃 / 孫玉河、張國文

總 編 輯 / 戴伊亨

文字編輯 / 丞相

出 版 者 / 南門書局有限公司

法律顧問 / 宏理國際法律事務所—李宏澤律師

地　　址 / 臺北市羅斯福路一段 94 號

電　　話 / (02)2910-4991（代表號）

傳　　真 / (02)2915-4913

出　　版 / 2024 年 12 月初版 1 刷 / 2025 年 2 月初版 2 刷

定　　價 / 350 元

ISBN / 978-626-342-328-2（平裝）

版權所有，翻印必究。

Printed in Taiwan

本書如有缺頁、破損，請寄回更換。

原著：品茶有講究・泡好一壺茶，鄭春英

由中國農業出版社有限公司透過北京同舟人和文化發展有限公司（E-mail：tzcopypright@163.com）授權給南門書局有限公司發行中文繁體字版本，該出版權受法律保護，非經書面同意，不得以任何形式任意重製、轉載。

文化部部版臺陸字第 112361 號

目次

茶在中國有著悠久的歷史，中國不僅是最早發現茶樹、人工種植茶樹的國家，也是最早以茶為食為飲的國家。中國成品茶有上千種，茶葉品種之多為其他國家所不及。按照傳統的分類方法，茶分為基本茶類和再加工茶類。基本茶類包括綠茶、紅茶、黑茶、烏龍茶、白茶和黃茶。再加工茶類中最常見的是花茶。

認茶識茶

有講究

綠茶

　　綠茶是一種不發酵茶，是中國產量最大的茶類，產區分布於各產茶省、直轄市、自治區。其中江蘇、浙江、安徽、四川等省綠茶產量高、質量優，是中國綠茶生產的主要基地。

　　綠茶是以茶樹的嫩芽、嫩葉為原料，經殺青、揉捻、乾燥等典型工藝製成的茶葉。因乾茶色澤和沖泡後的茶湯、葉底以綠色為主調，故名綠茶。

綠茶

■ 綠茶的特點

①產茶季節：為每年春、夏、秋三季。名優綠茶大多只採製春茶，以清明前至穀雨採製的春茶品質最佳。

②乾茶色澤：以綠色為主，但因產茶區自然環境和製作工藝不同，茶葉的顏色會有差異。

③湯色：以綠色為主，黃色為輔。

④香氣：有清新的豆香、花香、栗香等。不同品種的綠茶，香氣也有所不同。

⑤滋味：微苦。

⑥茶性：寒涼。

⑦適合人群：年輕人、經常對著電腦的人及吸菸飲酒的人。

■ 綠茶的加工工藝

①殺青：用高溫破壞茶樹鮮葉中氧化酶的活性，抑制茶多酚等物質的酶促氧化，使茶葉的色、香、味穩定下來。殺青的方法分為炒青、烘青、蒸青、晒青，以炒青、烘青為主。

②揉捻：將鮮葉揉碎，使茶汁附著在茶葉表面，同時改變茶葉的形狀。

③乾燥：使茶葉中水分的含量降為3%～5%，以利於茶葉的保存。乾燥方式分為炒乾、烘乾、晒乾，以炒乾、烘乾為主。

■ 綠茶的分類

通常按照製作工藝，將綠茶分為炒青綠茶、烘青綠茶、晒青綠茶和蒸青綠茶四種。

炒青綠茶

乾燥方式為鍋炒的綠茶即炒青綠茶。

炒青綠茶按外形可分為長炒青、圓炒青和扁炒青三類。長炒青即長條形炒青綠茶，形似眉毛，經過精加工的長炒青統稱「眉茶」；圓炒青也叫「珠茶」，外形為顆粒狀，主要品種有泉崗輝白、湧溪火青等；扁炒青外形扁平光滑，主要分為龍井、大方和旗槍三種。炒青綠茶中品質特優的名茶有西湖龍井、老竹大方、碧螺春、信陽毛尖等。

炒青綠茶——碧螺春

烘青綠茶

直接用烘籠烘乾的綠茶為烘青綠茶。

烘青綠茶根據原料嫩度和加工工藝可分為普通烘青和細嫩烘青。細嫩烘青綠茶中品質特優的名茶有黃山毛峰、太平猴魁、敬亭綠雪、雁蕩毛峰等。普通烘青綠茶多用於熏製花茶。

烘青綠茶——黃山毛峰

晒青綠茶

進行鍋炒殺青後用日光晒乾的綠茶為晒青綠茶。晒青綠茶多作為加工黑茶的原料茶，主產於湖南、湖北、廣東、廣西、四川，雲南、貴州等省也有少量生產。

晒青綠茶以雲南大葉種綠茶的品質最好，被稱為「滇青」，是製作普洱茶的原料；其他如川青、黔青、桂青、鄂青等各具特色。

晒青綠茶──滇青

蒸青綠茶

利用蒸氣進行殺青的綠茶為蒸青綠茶。蒸氣能夠破壞鮮葉中酶的活性，形成乾茶深綠、茶湯淺綠和葉底青綠的「三綠」品質特徵。蒸青綠茶香氣較悶，帶青氣，澀味也較重，不如鍋炒殺青的綠茶鮮爽。中國蒸青綠茶產量小，主要品種為產於湖北恩施的恩施玉露。此外，浙江、福建和安徽也有出產。

蒸青綠茶──恩施玉露

■ 辨別綠茶優劣有講究

綠茶品質的優劣可以從以下幾個方面判斷：

①外觀：包括茶葉的嫩度、淨度、勻度和色澤等。

②香氣：以花香、果香、板栗香和豆香等香氣為優。

③滋味：以茶湯醇厚、鮮爽為優。

④湯色：以湯色清碧、明亮為優。

⑤葉底：葉底色澤明亮且質地一致，表示製茶工藝良好；葉底芽尖細密、柔軟、多毫，說明茶葉嫩度高。

■ 綠茶中對人體健康有益的成分

綠茶中對人體健康有益的成分有茶多酚、糖類、生物鹼、維生素、胺基酸和礦物質等。

①茶多酚：是茶葉中多酚類化合物的總稱，主要作用是抗氧化。

②糖類：綠茶中有葡萄糖、果糖等單糖，也有蔗糖、麥芽糖等雙糖。

③生物鹼：包括茶鹼、可可鹼、咖啡因。

④維生素：綠茶中含有十多種水溶性維生素和脂溶性維生素。

⑤胺基酸：綠茶中胺基酸含量不高但種類很多，其中茶胺酸含量最高，其次是人體必須的離胺酸、麩胺酸和甲硫胺酸。胺基酸易溶於水，決定茶湯的鮮爽度。

⑥礦物質：綠茶中含有多種人體所必須的礦物質元素，如鉀、鈣、鈉、鎂、鐵等。

■ 綠茶的功效

科學研究結果表明，綠茶中保留的天然物質成分，在抗衰老、防癌抗癌、殺菌消炎等方面的作用為其他茶類所不及。

■ 名優綠茶

名優綠茶有西湖龍井、碧螺春、太平猴魁、黃山毛峰、信陽毛尖、六安瓜片、安吉白茶等。

西湖龍井

西湖龍井是中國第一名茶，產於浙江省杭州市西湖山區，以獅峰、龍井、雲棲、虎跑、梅家塢出產的龍井茶品質最佳，故有「獅」、「龍」、「雲」、「虎」、「梅」五品之稱。

西湖龍井的品質特點為色綠光潤，形似碗釘，勻直扁平，香高雋永，湯色碧翠，味爽鮮醇，芽葉柔嫩。因產區不同，西湖龍井的品質略有不同，如獅峰山所產龍井色澤黃綠，如糙米色，香高持久，滋味醇厚；梅家塢所產龍井色澤較綠潤，味鮮爽口。

西湖龍井

碧螺春

碧螺春是中國名茶中的珍品，人稱「嚇煞人香」。碧螺春創製於明末清初，出產於江蘇省蘇州市吳中區西南的太湖洞庭東山和洞庭西山。洞庭東山和洞庭西山是中國著名的茶果間作區，桃、杏、李、枇杷、楊梅等果樹與茶樹混栽，茶樹和果樹的根脈相通，茶能飽吸花果香，這是其他茶產區所不具有的特異之處。

碧螺春採摘有三大特點：一早、二嫩、三揀得淨。以春分至清明前採製的最為名貴。優質碧螺春每500克有六七萬個芽頭，堪稱最細嫩的綠茶。

碧螺春外形條索纖細捲曲，白毫顯露，銀綠隱翠，香氣濃郁，有天然的花果香氣；沖泡後，茶湯嫩綠清澈，銀毫翻飛，花香鮮爽，滋味鮮醇甘厚；葉底柔勻，嫩綠明亮。

碧螺春

多毫、銀綠隱翠

太平猴魁

太平猴魁創製於1900年，產於安徽省黃山市黃山區新明鄉猴坑、猴崗、顏家一帶。產區依山瀕水，林茂景秀，茶園多分布在25°～40°的山坡上。產區生態環境得天獨厚，年平均氣溫14～15℃，年平均降水量1650～2000毫米，土層深厚肥沃，通氣透水性好，非常適合茶樹生長。

太平猴魁

杯泡太平猴魁

「猴魁兩頭尖，不散不翹不卷邊」，太平猴魁乾茶外形扁展挺直，兩葉抱一芽，毫多不顯，顏色蒼綠勻潤，部分主脈中隱紅，俗稱「紅絲線」；沖泡後，茶湯嫩綠，清澈明亮，芽葉成朵，不沉不浮，豎立在茶湯之中，蘭花香高爽持久，滋味鮮醇，回味甘甜，似幽蘭的暗香留於脣齒間，有獨特的「猴韻」；葉底嫩勻肥壯，黃綠鮮亮。

黃山毛峰

黃山毛峰於1875年前後由謝裕大茶莊創製。歷史上黃山風景區內的桃花峰、紫雲峰、雲谷寺、松谷庵、慈光閣一帶為特級黃山毛峰產區，周邊的湯口、崗村、楊村、芳村是重要產區，有「四大名家」之稱。現在，黃山毛峰的產區已擴展到黃山市的三區四縣。產區內的茶樹品種為黃山種，屬有性系大葉類，抗寒能力強，適製烘青綠茶。

黃山毛峰乾茶形似雀舌，色如象牙，魚葉金黃，勻齊壯實，白毫滿披；沖泡後，茶湯清澈微黃，香氣清新高長，滋味鮮濃甘甜；葉底嫩黃，肥壯成朵。

黃山毛峰

黃山毛峰葉底

信陽毛尖

信陽毛尖產於河南省大別山區的信陽市。茶園主要分布在車雲山、雲霧山、震雷山、黑龍潭等群山峽谷之間，茶區群巒疊嶂，溪流縱橫，雲霧瀰漫，景色奇麗。獨特的地形和氣候滋養孕育出肥壯柔嫩的茶芽，造就了信陽毛尖獨特的風味特徵。

信陽毛尖一般於4月中下旬開採，以一芽一葉和一芽二葉初展製特級和1級毛尖，一芽二三葉製2級和3級毛尖。

信陽毛尖乾茶外形條索緊細，白毫顯露，有鋒苗，色澤翠綠，油潤光滑；沖泡後，湯色嫩綠明亮，香氣高鮮，有熟板栗香，滋味鮮醇，餘味回甘，葉底嫩綠勻整。

信陽毛尖

六安瓜片

六安瓜片生產歷史悠久，早在唐代書籍中就有記載。之所以稱為「瓜片」，是因為茶葉呈瓜子形、單片狀。六安瓜片主要產於安徽六安的金寨、霍山等縣，以金寨縣齊雲山所產瓜片茶品質最佳，用沸水

沖泡後清香四溢。六安瓜片色澤翠綠，香氣清高，味道甘鮮，明代以前就是供宮廷飲用的貢茶。

六安瓜片採摘以對夾二三葉和一芽二三葉為主，經生鍋、熟鍋、拉毛火、拉小火、拉老火五道工序製成。六安瓜片成品茶形似瓜子，自然平展，葉緣微翹，大小均勻，不含芽尖、芽梗，色澤綠中帶霜。

六安瓜片

安吉白茶

安吉白茶，也稱「玉蕊茶」，產於浙江省安吉縣。安吉縣位於浙江省北部，這裡山川秀美，綠水長流，是中國著名的竹子之鄉。1982年，人們偶然在安吉縣的一處山谷裡發現了一株安吉白茶古樹，之後，安吉白茶逐漸為人們所認識和開發。

安吉白茶芽頭剛長出來的時候鵝黃透明，炒過之後，成茶為黃白色，白毫顯露，所以以外觀色澤取名為安吉白茶。安吉白茶雖名為白茶，卻並不屬於白茶類，因為它是按照綠茶的製作方法加工而成，因此屬於綠茶類。

安吉白茶茶樹的顏色明顯較淺。茶芽顏色會隨著時令發生變化：清明前的嫩葉呈灰白色，到了穀雨，嫩葉會逐漸轉綠，直到全綠。安吉白茶的產茶期較短，一般只有一個月左右，這使得安吉白茶更顯珍貴。

安吉白茶外形扁平挺直，芽頭緊實勻齊，色澤黃綠，光亮油潤；沖泡後，湯色嫩綠明亮，香氣持久，不苦不澀，滋味鮮爽。葉白脈綠是安吉白茶的標誌。

黃茶

黃茶屬於輕發酵茶，發酵度為10%左右。黃茶具有黃湯、黃葉底的特點，故得此名。人們在製作炒青綠茶時發現，由於殺青、揉捻後乾燥不足或不及時，葉色會變黃，由此產生了新的茶類——黃茶。黃茶的加工工藝與綠茶類似，只是在乾燥過程之前或之後，增加了一道悶黃工藝。

霍山黃芽

■ 悶黃

悶黃是黃茶加工中的重要工藝，黃茶的黃葉底、黃湯就是悶黃的結果。悶黃就是將殺青、揉捻或初烘後的茶葉趁熱堆積，使茶坯在溼熱作用下逐漸發生黃變。在溼熱悶蒸作用下，葉綠素被破壞，茶葉變黃。悶黃工藝還使茶葉中的游離胺基酸和揮發性物質增加，使得茶葉滋味甜醇，香氣馥郁。

■ 黃茶的分類

黃茶按照原料鮮葉的嫩度和芽葉的大小，分為黃芽茶、黃小茶和黃大茶三類。

黃芽茶所用原料細嫩，常為單芽或一芽一葉，著名品種有君山銀針、蒙頂黃芽和霍山黃芽。黃芽茶中的極品是君山銀針，君山銀針成

品茶外形茁壯挺直，重實勻齊，銀毫滿披，芽身金黃光亮，內質毫香鮮嫩，湯色杏黃明淨，滋味甘醇鮮爽。安徽的霍山黃芽也是黃芽茶中的珍品。霍山茶的生產歷史悠久，唐代起開始生產，明清時為宮廷貢品。

黃小茶採用細嫩芽葉加工而成，主要品種有北港毛尖、溈山毛尖、遠安鹿苑、平陽黃湯等。

黃大茶以一芽多葉為原料，主要品種有安徽霍山、金寨、岳西和湖北英山所產的黃茶和廣東大葉青等。

■ 黃茶的特點

黃茶是中國特有的茶類，自唐代以來，歷代均有生產。黃茶採用帶有茸毛的芽頭、芽或芽葉製成，具有葉黃、湯黃、葉底黃的「三黃」特徵。沖泡後，湯色微黃，清香純正，滋味鮮爽。

■ 黃茶的功效

黃茶富含茶多酚、胺基酸、維生素等營養物質，對防治食道癌有明顯功效。此外，黃茶保留了鮮葉中85%以上的天然物質，這些物質對防癌抗癌、殺菌消炎均有效果，適合免疫力低下和長期使用電腦的人飲用。

■ 辨別黃茶優劣有講究

黃茶品質的優劣可以從以下幾個方面辨別：

①外形：優質黃茶色澤黃綠或嫩黃、帶白毫，反之色澤發暗、沒有白毫。

②湯色：優質黃茶湯色黃綠明亮，反之渾濁、不清澈。

③葉底：優質黃茶葉底嫩黃勻齊，反之葉底發暗、大小不一。

■ 君山銀針

君山銀針產於湖南岳陽的洞庭山，茶葉芽頭挺直肥壯，滿披茸毛，色澤金黃泛光，有「金鑲玉」之稱；沖泡後，香氣鮮爽，滋味甜爽，湯色淺黃，葉底明黃。在沖泡過程中，茶葉在水中忽升忽降，三起三落，富於美感。

君山銀針沖泡時如何「三起三落」

君山銀針適合用玻璃杯沖泡。沖泡初始，可以看到芽尖朝上，蒂頭下垂，茶芽懸浮於水面，清湯綠葉，甚是優美。隨後芽葉緩緩下落，忽升忽降，多者可「三起三落」，最後豎沉於杯底，芽光水色，渾然一體。「三起三落」是由茶芽吸水膨脹和重量增加不同步，芽頭比重瞬間變化引起的。

君山銀針

君山銀針茶舞

白茶

白茶有「一年茶、三年藥、七年寶」之稱，這幾年特別流行。白茶屬微發酵茶，是中國茶類中的珍品。因成品茶多為芽頭，滿披白毫，如銀似雪而得名。白茶是中國的特產，主要產於福建省的政和縣、松溪縣以及福鼎市等地。臺灣本地也有少量生產。白茶生產已有200年左右的歷史。

■ 白茶的特點

白茶最主要的特點是毫色銀白，有「綠裝素裹」的美感，且芽頭肥壯，沖泡後湯色黃亮，清香爽口，滋味鮮醇，葉底嫩勻。

■ 新白茶和老白茶

新白茶一般是指當年的明前春茶，一般存放五六年的茶就可算作老白茶。

新白茶和老白茶有所不同。首先，乾茶外觀不同。新白茶呈褐綠色或灰綠色，且滿布白毫，毫香明顯，而且還夾雜著清甜香以及茶青的味道；老白茶整體看起來呈黑褐色，但依然可以從茶葉上辨別出些許白毫，而且可以聞到陣陣陳年的幽香，毫香濃重但不渾濁。

其次，茶湯的顏色和滋味不同。新白茶湯色淺淡黃亮，毫香明顯，滋味鮮爽，口感較為清淡，而且有茶青味，清新宜人；老白茶的茶湯顏色更深，呈琥珀色，香氣清幽，略帶毫香，頭泡帶有淡淡的中藥味，有明顯的棗香，口感醇厚。

再次，茶的耐泡程度不同。新白茶可以根據個人習慣沖泡，一般可以沖泡六泡左右；老白茶非常耐泡，在普通泡法下可達十餘泡，而且到後面仍然滋味尚佳。老白茶還可以用來煮飲，風味獨特。

另外，老白茶經過漫長氧化，茶性較新白茶更柔和，且退熱、消暑、解毒、殺菌效果更佳。

■ 白茶的主要品種

白茶的主要品種為白毫銀針、白牡丹和壽眉。

白毫銀針是用大白茶樹的肥芽製成的，因色白如銀、外形似針而得名，是白茶中最名貴的品種。白毫銀針沖泡後香氣清新，湯色淡黃，滋味鮮爽。

白牡丹的原料是政和大白茶和福鼎大白茶良種茶樹鮮葉，有時採用少量水仙品種茶樹芽葉拼配而成。因綠葉夾銀白色毫心，形似花朵，沖泡後綠葉托著嫩芽，宛如白牡丹蓓蕾初放，故而得名。

壽眉用菜茶品種的短小芽片和大白茶樹葉片製成，也叫貢眉。

■ 辨別白茶優劣有講究

①形態：以毫多肥壯為優，以芽葉瘦小、白毫稀少為劣。

②色澤：以色白隱綠為優，以草綠發黃為劣。

③香氣：以清純甜香為優，以味淡、帶青腥味為劣。

④滋味：以醇厚鮮爽為優，以淡薄苦澀為劣。

⑤湯色：以清澈明亮為優，以渾濁暗淡為劣。

⑥葉底：以毫多勻整為優，以無毫暗雜為劣。

■ 白茶的功效

白茶中含有多種胺基酸，具有退熱、消暑、解毒的功效。白茶的殺菌效果好，多喝白茶有助於口腔的清潔與健康。白茶中茶多酚的含量較高，茶多酚是天然的抗氧化劑，對人體有增強免疫力和保護心血管的作用。此外，白茶中還含有人體所必須的活性酶，可以促進脂肪分解代謝，有效控制胰島素分泌量，分解血液中多餘的糖分，促進血糖平衡。

■ 名優白茶

白毫銀針

白毫銀針產自福建的福鼎、政和等地，始製於清代嘉慶年間，簡稱銀針，又稱白毫，當代則多稱白毫銀針。

白毫銀針的採製

白毫銀針過去只能用春天茶樹新生的嫩芽來製作，產量很少，所以相當珍貴。現代生產的白毫銀針，選用絨毛較多的茶樹品種的鮮葉，透過特殊的製茶工藝製作而成。

白毫銀針茶湯

白毫銀針

白毫銀針的採摘要求極其嚴格，有「十不採」的規定，即雨天不採、露水未乾時不採、細瘦芽不採、紫色芽頭不採、風傷芽不採、人為損傷芽不採、蟲傷芽不採、開心芽不採、空心芽不採、病態芽不採。白毫銀針製作時不炒不揉，晒乾或用文火烘乾，茶芽上的白色絨毛得以完整的保留下來。

白毫銀針的品質特徵

白毫銀針茶芽滿披白毫，挺直如針，芽頭肥壯，色白如銀。因產地和茶樹品種不同，白毫銀針的品質有所差異：產於福鼎的，芽頭絨毛厚，色白有光澤，湯色為淺杏黃色，滋味清鮮爽口；產於政和的，毫毛略薄，但滋味醇厚，香氣芬芳。

白牡丹

　　白牡丹產自福建的政和、松溪、福鼎等地，以福鼎大白茶、福鼎大毫茶等茶樹良種的一芽二葉為原料，採用傳統白茶加工工藝製作而成。茶葉以綠葉夾銀色白毫芽，形似花朵，沖泡後，綠葉拖著嫩芽，宛若蓓蕾初開，故名白牡丹。

　　白牡丹外形不成條索，似枯萎花瓣，色澤呈灰綠色或暗青苔色；沖泡後，兩片舒展的綠葉托抱著嫩芽，香氣芬芳，湯色杏黃或橙黃，滋味鮮醇；葉底淺灰，葉脈微紅，芽葉連枝。

白牡丹茶湯

白牡丹

烏龍茶

　　烏龍茶又叫青茶，屬於半發酵茶，為中國特有的茶類，創製於1725年前後，經過採摘、萎凋、做青、殺青、包揉、揉捻、烘焙等工序製成。烏龍茶主要產於福建、廣東，臺灣本地亦有。近年來，四川、湖南等省也有少量生產。烏龍茶除了內銷外，也出口日本、東南亞等國家和地區。

■ 烏龍茶的發酵度

　　發酵，是指茶青（茶鮮葉）和空氣中的氧氣接觸產生的氧化反應。發酵度就是茶青氧化的程度。根據發酵度的不同，烏龍茶可分為：

大紅袍

　　①輕發酵茶。發酵度為10%～30%，如文山包種茶。

　　②中發酵茶。發酵度為30%～50%，如安溪鐵觀音、黃金桂。

　　③重發酵茶。發酵度為50%～70%，如大紅袍、東方美人茶。

■ 烏龍茶的採製

　　烏龍茶可多季節採製，5月份採製春茶，10月份採製秋茶，部分地區也採製冬茶，比如臺灣。烏龍茶原料要求枝葉連理，通常採摘一芽二三葉，主要加工工藝為萎凋、做青、殺青、包揉、揉捻、烘焙。

■ 烏龍茶特有的加工工藝

製作烏龍茶的特有工序是做青。做青，就是搖青、晾青交替進行的發酵過程，直至達到烏龍茶的品質要求。

搖青促進鮮葉中的水分蒸發，同時讓葉子邊緣受損而氧化。晾青時茶葉中的水分繼續蒸發，葉緣繼續氧化。在搖青和晾青交替進行的做青過程中，葉片綠色逐漸消退，邊緣因氧化而呈現紅色，茶葉散發出香氣。

■ 烏龍茶的香變、色變和味變

①香變：烏龍茶輕微發酵會生出青香，輕發酵轉化成花香，中發酵轉化成果香，重發酵轉化成熟果香。

②色變：香氣的變化與顏色的轉變是同時進行的。菜香階段茶是綠色，花香階段茶是金黃色，果香階段茶是橘黃色，熟果香階段茶是朱紅色。

③味變：發酵程度越輕，茶味越接近植物本身的味道；發酵程度越重，茶越遠離本味，由發酵而產生的味道越重。

■ 烏龍茶的特點

優質烏龍茶通常具備以下特點：

①形態：呈條索緊結重實的半球形，或條索肥壯、略帶扭曲的條形。

②色澤：砂綠烏潤或褐綠油潤。

③香氣：有濃郁的花果香、焙火香等高香。

④湯色：橙黃、橙紅或金黃，清澈明亮。

⑤滋味：醇厚持久，鮮爽回甘。

⑥葉底：綠葉紅鑲邊，即葉脈和葉緣部分呈紅色，其餘部分呈綠色，綠處稍帶黃，紅處明亮。

■ 烏龍茶的功效

烏龍茶具有清心明目、殺菌消炎、延緩衰老、降血脂、降膽固醇、緩解心血管疾病和糖尿病症狀等健康功效。烏龍茶尤其能促進脂肪代謝，減脂瘦身。

■ 烏龍茶的分類

習慣上根據烏龍茶的產地將其分為臺灣烏龍、閩北烏龍、閩南烏龍、廣東烏龍。

①臺灣烏龍：名茶有文山包種茶、凍頂烏龍、東方美人茶、大禹嶺茶、梨山茶、杉林溪茶、阿里山茶、木柵鐵觀音等。

②閩北烏龍：名茶有武夷水仙、大紅袍、白雞冠、水金龜、鐵羅漢、武夷肉桂等。

凍頂烏龍

鳳凰單叢

③閩南烏龍：名茶有安溪鐵觀音、黃金桂、本山、毛蟹、永春佛手等。

④廣東烏龍：名茶有鳳凰單叢等。

武夷岩茶

武夷岩茶是閩北烏龍茶的代表，產於福建崇安武夷山。武夷山中心地帶所產的茶葉，稱「正岩茶」，香高味醇，岩韻特顯；武夷山邊緣地帶所產的茶葉，稱「半岩茶」，岩韻略遜於正岩茶；崇溪、九曲溪、黃柏溪溪邊靠近武夷山兩岸所產的茶葉，稱「洲茶」，品質又更遜一籌。

武夷岩茶條索壯結勻整，色澤青褐油潤，葉面有青蛙皮狀白點，人稱「蛤蟆背」；沖泡後，香氣馥郁雋永，具有特殊的岩韻，俗稱「豆漿韻」，湯色橙黃，清澈豔麗，滋味濃醇回甘，清新爽口；葉底「綠葉紅鑲邊」，呈三分紅、七分綠，柔軟紅亮。

在武夷岩茶中，以大紅袍、鐵羅漢、白雞冠、水金龜「四大名叢」最為珍貴。

臺灣烏龍的特色

①產茶季節：每年春、秋、冬三季採製，採摘時間分別為5月、11月、翌年1月。

②發酵程度：輕發酵（如文山包種茶）、中發酵（如梨山茶）、重發酵（如東方美人茶）。

③香氣類型：有花香、果香、熟果香、奶香等。

④特色茶品：凍頂烏龍、東方美人茶等。

■ 名優烏龍茶

大紅袍

大紅袍的品質特徵

大紅袍條索壯結勻整，色澤綠褐鮮潤；沖泡後，茶湯橙黃至橙紅，清澈豔麗，香氣馥郁，香高持久，濃醇回甘，岩韻明顯；葉底軟亮，葉緣紅，葉心綠。

大紅袍母樹

大紅袍母樹是指武夷山天心岩九龍窠懸崖峭壁上現存的六棵茶樹，樹齡已有350多年。

為保護大紅袍母樹，武夷山當地相關部門決定對其實行特別保護。自2006年起，當地對大紅袍母樹實行停採留養，茶葉專業技術人員對大紅袍母樹進行科學管理，並建立詳細的管制保護檔案，嚴格保護大紅袍母樹及周邊的生態環境。

大紅袍

大紅袍茶湯

大紅袍講究喝新茶嗎

當年的大紅袍新茶因焙火的原因，茶的刺激性較大，而隔年茶更加香氣馥郁、滋味醇厚、順滑可口。所以「茶葉貴新」不適用於大紅袍，大紅袍不講究喝新茶。

安溪鐵觀音

安溪鐵觀音的品質特徵

安溪鐵觀音產自福建省安溪縣，別名紅心觀音。一年分四季採製，春茶品質最好，秋茶次之。

安溪鐵觀音質厚堅實，有「沉重似鐵」之喻，乾茶外形枝葉連理，結成球狀，色澤砂綠翠潤；沖泡後，湯色金黃或橙黃，香氣馥郁持久，滋味醇厚爽口，齒頰留香。

安溪鐵觀音的著名產區

茶葉是一種特殊農產品，講究天、地、人、種四者和諧，同一產區的不同山頭，甚至同一山頭不同高度的茶園，所產茶葉都有區別。安溪鐵觀音最著名的三個產區是西坪、祥華和感德，三地所產鐵觀音各有特點：

①西坪茶，特點為「湯濃韻明不很香」。西坪是安溪鐵觀音的發源地，出產的茶葉採用傳統工藝製成。

②祥華茶，特點為「味正湯醇回甘強」。祥華茶久負盛名，產區山高霧濃，茶葉製法傳統，所產茶葉品質獨樹一幟，回甘強的特點最為顯著。

安溪鐵觀音茶湯

安溪鐵觀音　　　　　　安溪鐵觀音葉底

③感德茶，特點為「香濃湯淡帶微酸」。感德茶被一些茶葉專家稱為「改革茶」、「市場路線茶」，近年來在一些區域和人群中頗受歡迎，最大的特點是茶香濃厚。

觀音韻

韻味是指安溪鐵觀音味道的甘甜度、入喉的潤滑度及回味的香甜度。品質好的安溪鐵觀音帶有蘭花香，入口細滑，回味香甜，喝上三四道之後兩腮會有口水湧動之感，閉上嘴後用鼻出氣可以感覺到蘭花香，這種韻味就是「觀音韻」。

安溪鐵觀音按香氣如何分類

安溪鐵觀音按香氣分為以下三種：

①清香型鐵觀音。清香型鐵觀音為安溪鐵觀音的高級產品，原料來自鐵觀音發源地安溪高海拔、岩石基質土壤種植的茶樹，具有鮮、香、韻、銳的特徵。清香型鐵觀音湯色金黃，清澈明亮，香氣高強，濃郁持久，醇正回甘，觀音韻足。

②濃香型鐵觀音。濃香型鐵觀音是用傳統工藝「茶為君，火為臣」製作的鐵觀音，使用沿用百年的獨特烘焙方法，溫火慢烘，所製茶葉具有醇、厚、甘、潤的特徵。濃香型鐵觀音乾茶條索肥壯緊結，色澤烏潤，香氣純正，帶甜花香或蜜香、栗香，湯色呈深金黃色或橙黃色，滋味醇厚甘滑，觀音韻顯現，耐沖泡。

③韻香型鐵觀音。韻香型鐵觀音的製作方法是根據傳統做法的基礎，再經過120℃高溫烘焙10小時左右，以提高滋味醇度、提升香氣。韻香型鐵觀音原料來自鐵觀音發源地安溪高海拔、岩石基質土壤種植的茶樹，茶葉發酵充分，具有濃、韻、潤、特的特徵，香氣高，回甘好，韻味足。

鳳凰單叢

鳳凰單叢產於廣東省潮州市鳳凰鎮烏崠山茶區。單叢茶，是從鳳凰水仙群體品種中選擇、培育優良單株茶樹，經採摘、加工而成。因分株單採單製，故稱「單叢」。鳳凰單叢採摘標準為一芽二三葉，採摘有嚴格的要求，日光強烈時不採，雨天不採，霧水茶不採。一般於午後開採，當晚加工。

鳳凰單叢的品質特徵

鳳凰單叢乾茶條索挺直肥大，色澤黃褐，俗稱「鱔魚皮色」，且油潤有光澤；沖泡後，有天然花果香，香味持久，湯色橙黃清澈，滋味醇爽回甘；葉底肥厚柔軟，葉緣朱紅，葉腹黃明。

鳳凰單叢葉底

鳳凰單叢

鳳凰單叢的十大香型

鳳凰單叢最有名的十種香型為蜜蘭香、黃枝香、玉蘭香、夜來香、肉桂香、杏仁香、柚花香、芝蘭香、薑花香和桂花香。

文山包種茶

文山包種茶以青心烏龍茶樹鮮葉製成，屬半發酵茶，每年依節氣採茶六次，其中以春茶和冬茶品質較好。

文山包種茶發酵程度較輕，因此風味比較接近綠茶。文山包種茶乾茶呈條索狀，色綠；沖泡後，湯色蜜綠鮮豔，清香優雅，滋味甘醇滑潤，清鮮爽口。

凍頂烏龍

凍頂烏龍產自臺灣鳳凰山支脈凍頂山一帶，茶區海拔1000～1800公尺。傳說清朝咸豐年間，鹿谷鄉的書生林鳳池赴福建應試，中舉人，還鄉時從武夷山帶回36株青心烏龍茶苗，其中12株種在麒麟潭邊

文山包種茶茶湯

文山包種茶

的凍頂山上，經過繁育成為凍頂烏龍的原料茶。

凍頂烏龍在臺灣高山烏龍茶中最負盛名，被譽為「茶中聖品」。凍頂烏龍乾茶呈半球狀，墨綠油潤；沖泡後，茶湯清爽怡人，湯色蜜綠帶金黃，茶香清新，帶果香或濃花香，滋味醇厚甘潤。

傳統凍頂烏龍帶明顯焙火味，也有輕焙火凍頂烏龍。此外還有陳年炭焙茶，需要每年拿出來焙火，沖泡後茶湯甘醇，喉韻十足。

凍頂烏龍的特點

凍頂烏龍可四季採製，3月下旬～5月中旬採春茶，5月下旬～8月中旬採夏茶，8月下旬～9月下旬採秋茶，10月中旬～11月下旬採冬茶。其中春茶品質最好，秋茶、冬茶次之，夏茶品質較差。凍頂烏龍特點如下：

①形態：呈半球形，條索緊結重實。

②色澤：墨綠油潤。

③湯色：黃綠明亮。

凍頂烏龍

凍頂烏龍茶湯

④香氣：清新高爽，帶有濃郁的花香、果香。

⑤滋味：甘醇濃厚，喉韻十足。

⑥葉底：枝葉嫩軟，紅邊、綠葉油亮。

東方美人茶

　　東方美人茶主要產於臺灣的新竹、苗栗一帶，是臺灣獨有的名茶，別名膨風茶、香檳烏龍，又因其茶芽白毫顯露，名為白毫烏龍茶，是半發酵烏龍茶中發酵程度最重的茶品。

　　東方美人茶產區環境獨特，經常霧氣瀰漫，水氣充足，而且土壤和水均未受到工業汙染，是茶樹生長的最佳環境。東方美人茶茶樹鮮葉經過小綠葉蟬的附著吸吮，嫩葉產生變化，葉片變小，茶芽白毫顯露，葉片紅、黃、褐、白、青五色相間，形成了特殊風味。

　　因茶樹鮮葉必須讓小綠葉蟬適度叮咬吸食，故茶園不能使用農藥，且必須手工採摘一芽二葉，再以傳統技術精製而成，因此高品質的東方美人茶價高量少，十分珍貴。

東方美人茶的品質特徵

①形態：條索緊結，稍彎曲。

②色澤：白毫顯露，白、青、黃、紅、褐五色相間。

③湯色：呈紅橙的琥珀之色，明麗潤澤。

④香氣：有濃郁的果香或蜜香。

⑤滋味：甘潤香醇，味似香檳。

東方美人茶

東方美人茶茶湯

紅茶

紅茶是全發酵茶，因沖泡後的茶湯、葉底以紅色為主調，故得此名。在全球茶葉貿易中，紅茶占第一位，其次才是綠茶、烏龍茶等。近年來，喜歡泡飲紅茶的人數大大增加。

紅茶分為工夫紅茶、小種紅茶和紅碎茶。紅茶的鮮葉品質由嫩度、勻度、淨度和鮮度四方面決定，鮮葉質量的優劣直接關係到成品紅茶的品質。

紅茶茶湯

製作紅茶要使用適製紅茶的茶樹品種的鮮葉，如雲南大葉種鮮葉，葉質柔軟肥厚，茶多酚等成分含量較高，製成的紅茶品質優良。此外，海南大葉種、廣東英紅1號以及江西寧州種等都是適製紅茶的好品種。

紅茶葉底

■ 紅茶的特點

紅茶在製作過程中發生了以茶多酚酶促氧化為中心的化學反應，鮮葉中的化學成分變化較大，茶多酚減少90％以上，茶黃素、茶紅素等新的成分產生，香氣物質明顯增加，咖啡因、兒茶素和茶黃素結合成滋味鮮美的物質，從而形成了紅茶紅湯、紅葉底和香甜味醇的品質特徵。

①產茶季節：多為春、秋二季。

②原料：通常採摘一芽二葉到三葉，且葉片的老嫩程度應一致。

③加工工藝：萎凋、揉捻、渥紅、乾燥。

④乾茶：呈暗紅褐色，多為條形和顆粒狀。

⑤湯色：紅豔明亮。

⑥香氣：有蜜香、花果香、甜香、焦糖香等。

⑦滋味：醇厚。

⑧茶性：溫和。

■ 渥紅

渥紅是紅茶生產過程中的發酵工藝，是使茶鮮葉發生紅變的過程。經過渥紅，茶鮮葉由綠變紅，香氣產生。

■ 冷後渾

冷後渾是優質紅茶的特徵之一，出現這種現象是由於紅茶中部分溶於熱水的物質因水溫降低而冷凝，使茶湯看起來有些渾濁。加入沸水使水溫升高後，茶湯就會恢復明亮。

■ 中國紅茶的分類

按照製作方法與出品的茶形，中國紅茶可以分為以下三類：

①工夫紅茶：是中國傳統的獨特茶品。因採製地區、茶樹品種和製作技術不同，又分為祁紅、滇紅、寧紅、川紅、閩紅、越紅等。

②小種紅茶：產於中國福建省武夷山。由於小種紅茶在加工過程中使用松柴火加溫進行萎凋和乾燥，所以製成的茶葉具有濃郁的松煙香。因產地和品質的不同，小種紅茶又有正山小種和外山小種之分，名品為正山小種。小種紅茶可在沖泡後加入牛奶，茶香味不減。

③紅碎茶：是國際茶葉市場的大宗茶品。紅碎茶不是普通紅茶的碎末，而是在加工過程中將條形茶切成細段的碎茶，故命名為紅碎茶。因茶樹品種的不同，紅碎茶品質也有較大的差異。紅碎茶顆粒緊結重實，色澤烏黑油潤；沖泡後，香氣濃郁，湯色紅濃，滋味醇厚，葉底紅勻。

優質工夫紅茶的品質特點

優質工夫紅茶具有以下品質特點：

①形態：條索緊細勻齊。

②色澤：烏潤有光澤。

③香氣：甜濃。

④湯色：紅豔明亮。

⑤滋味：醇厚。

⑥葉底：黃褐明亮。

工夫紅茶──祁紅

優質小種紅茶的品質特點

優質小種紅茶具有以下品質特點：

①形態：條索肥壯重實。

②色澤：烏潤有光澤。

③香氣：高長，帶松煙香。

④湯色：紅濃。

⑤滋味：醇厚，帶桂圓味。

⑥葉底：厚實，呈古銅色。

小種紅茶──金駿眉

優質紅碎茶的品質特點

優質紅碎茶具有以下品質特點：

①形態：顆粒緊捲，重實勻齊。

②色澤：烏潤或帶褐紅。

③香氣：鮮濃。

④湯色：紅豔明亮。

⑤滋味：濃醇強鮮。

⑥葉底：紅豔明亮，柔軟勻整。

紅碎茶

■ 名優紅茶

祁紅

　　祁紅產自安徽省祁門縣，全稱祁門工夫紅茶，又稱祁門紅茶，是中國傳統工夫紅茶中的珍品，有100多年生產歷史，在國際間享有盛譽。國際將祁門紅茶與印度大吉嶺茶、斯里蘭卡烏瓦的季節茶並稱為世界三大高香茶。

優質祁紅條索緊秀而稍彎曲，有鋒苗，色澤烏黑泛灰光，俗稱「寶光」；沖泡後，湯色紅豔明亮，香氣濃郁高長，有蜜糖香，蘊含蘭花香，素有「祁門香」之稱，滋味醇厚，回味雋永，葉底鮮紅嫩軟。

川紅

川紅產自四川省宜賓市等地，全稱川紅工夫紅茶，創製於20世紀50年代，是中國高品質工夫紅茶的後起之秀，以色、香、味、形俱佳而聞名。

優質川紅條索肥壯圓緊，顯毫，色澤烏黑油潤；沖泡後，香氣清鮮帶果香，湯色濃亮，滋味醇厚爽口，葉底紅明勻整。

閩紅

閩紅產自福建省，全稱閩紅工夫紅茶。由於茶葉產地、茶樹品種和品質風格不同，閩紅又分為白琳工夫、坦洋工夫和政和工夫。這三種茶各有特色：

①白琳工夫：乾茶條索細長彎曲，細毫多，色澤黃黑；沖泡後，湯色淺亮，香氣鮮純有毫香，味清鮮甜，葉底鮮紅帶黃。

②坦洋工夫：乾茶條索細長勻整，帶白毫，色澤烏黑有光；沖泡後，香味清鮮，湯色金黃，葉底紅勻光滑。

③政和工夫：閩紅三大工夫茶中的上品。乾茶條索緊結肥壯，多毫,色澤烏潤；沖泡後，湯色紅濃，香高鮮甜，滋味濃厚，葉底紅勻肥壯。

正山小種

正山小種產自福建省桐木關，是世界紅茶的鼻祖。

優質正山小種條索肥壯重實，色澤烏潤有光；沖泡後，湯色紅濃，香氣高長帶松煙香，滋味醇厚帶桂圓味，葉底柔軟厚實，呈古銅色。現在有些正山小種因環境保護等原因，加工過程中不再用松煙燻製，因而沒有松煙香。

正山小種　　　　　　　　　　　正山小種茶湯

金駿眉

金駿眉的原料為武夷山國家級自然保護區內、海拔1500～1800公尺高山上的原生態小種野茶鮮葉，由熟練的採茶工手工採摘芽尖部分，之後採用正山小種傳統工藝，由製茶師傅全程手工製作而成。

金駿眉乾茶外形細小緊秀，色澤烏黑有油光，滿披金黃色毫；沖泡後，湯色金黃，香氣似果、蜜、花、薯等綜合香型，滋味鮮活甘爽，喉韻悠長，沁人心脾，十餘泡後口感仍然飽滿甘甜；葉底舒展後，芽尖鮮活，秀挺亮麗，為可遇不可求的茶中珍品。

金駿眉

■ 紅茶的功效

①利尿。在紅茶中的咖啡因和芳香物質的共同作用下，腎臟的血流量增加，促進排尿。

②消炎殺菌。紅茶中的多酚類化合物具有消炎的作用，所以細菌性痢疾和食物中毒患者喝紅茶頗有益。

③強壯骨骼。美國一項長達10年的調查結果表明，飲用紅茶的人骨骼更強壯。紅茶中的多酚類化合物有抑制破壞骨細胞物質活力的作用。

④抗衰老。紅茶含有豐富的抗氧化劑，具有很強的抗衰老作用。

⑤養胃護胃。紅茶是全發酵茶，不僅不會傷胃，反而能夠養胃。經常飲用加糖、加牛奶的紅茶，能保護胃黏膜。

⑥抗癌。一般認為綠茶有較佳的抗癌作用，但是研究發現，紅茶同樣有很強的抗癌功效。

⑦舒張血管。紅茶中含有豐富的鉀元素，對心臟保健有益。日本大阪市立大學的一項實驗指出，飲用紅茶一小時後，心臟血管的舒張度增加，血流速度有所改善。

■ 紅茶的適合對象

紅茶適合老年人、胃或心臟不好的人、失眠者及女性飲用。

■ 世界最著名的四大紅茶

①祁門紅茶。祁門紅茶產於中國安徽省祁門縣，是中國傳統工夫紅茶的珍品，創製於19世紀後期，是世界三大高香茶之一，有「茶中

英豪」、「群芳最」、「王子茶」等美譽，主要出口英國、荷蘭、德國、日本、俄羅斯等幾十個國家和地區，多年來一直是中國的國事禮品茶。

②大吉嶺紅茶。大吉嶺紅茶產於印度西孟加拉邦北部喜馬拉雅山麓的大吉嶺高原一帶。大吉嶺紅茶以五六月的二號茶品質最優，被譽為「紅茶中的香檳」。優質大吉嶺紅茶沖泡後湯色橙黃，氣味芬芳高雅，帶有葡萄香。大吉嶺紅茶口感柔和，適合春季和秋季飲用，也適合做成奶茶、冰茶及各種花茶。

③斯里蘭卡紅茶。斯里蘭卡舊稱「錫蘭」，錫蘭紅茶以烏瓦茶最為著名，產自斯里蘭卡山岳地帶的東側。

④阿薩姆紅茶。阿薩姆紅茶產自印度東北部喜馬拉雅山麓的阿薩姆溪谷一帶。阿薩姆紅茶乾茶外形細扁，色澤深褐；沖泡後，湯色深紅，帶有淡淡的麥芽香、玫瑰香，滋味濃烈，是冬季飲茶的佳選。

■ 英國人的「紅茶情結」

英國人有喝下午茶的風俗，下午茶喝的就是紅茶。「當鐘敲響四下，世上一切為茶而停」，每天下午4點左右，無論多忙，英國人都要放下手頭的工作，一邊喝茶，一邊吃些點心，稍稍休息。

下午茶有固定時間，但並不意味著英國人喝茶的時間僅限於下午。很多英國人習慣早晨起床空腹喝一杯茶提神醒腦。上午11點左右，要飲紅茶並配茶點。在午餐中，奶茶也是必不可少的。英國人對紅茶可謂情有獨鍾。

黑茶

　　黑茶屬於後發酵茶，是中國特有的茶類。黑茶生產歷史悠久，主要產於湖南、湖北、四川、雲南、廣西等地。由於黑茶的原料比較粗老，製作過程中往往要渥堆發酵較長時間，所以葉片大多呈暗褐色，因此被人們稱為「黑茶」。在黑茶中，雲南普洱茶、廣西六堡茶較為著名。

黑茶

■ 後發酵

　　後發酵就是經過殺青、乾燥後，茶葉在溼熱作用下再進行發酵。黑茶製作過程中的渥堆發酵就是後發酵，在溼熱的條件下堆放茶葉，促使茶葉發生物理變化和化學變化，進而形成黑茶的品質特徵。普洱生茶自然陳化的過程也是一種緩慢的後發酵。

■ **黑茶的特點**

①原料：多為粗老的梗葉。

②色澤：黑褐。

③香氣：具有純正的陳香。

④湯色：呈橙黃色、橙紅色、棗紅色等。

⑤滋味：醇厚回甘。

■ **黑茶的分類**

黑茶通常按產地分類，可分為湖北青磚茶、湖南黑茶、四川邊茶、陝西涇陽茯磚茶、廣西六堡茶、雲南普洱茶等。

■ **黑茶的功效**

①降脂減肥，保護心腦血管。黑茶中的茶多酚及其氧化物能促進脂肪溶解並排出，降低血液中膽固醇的含量，減少動脈血管壁上的膽固醇沉積，降低動脈硬化的發病率。

②增強腸胃功能。黑茶中的有效成分在抑制人體腸胃中有害微生物生長的同時，又能促進有益菌的生長繁殖，具有良好的增強腸胃功能的作用。

③降血壓。黑茶中的生物鹼和類黃酮物質可使血管壁鬆弛，增加血管的有效直徑，使血管舒張而使血壓下降。同時，黑茶中的茶胺酸也有著抑制血壓升高的作用。

④抗氧化。黑茶中的兒茶素、茶黃素、茶胺酸等物質具有清除自由基的功能，因而具有抗氧化、延緩衰老的作用。

此外，黑茶還有防癌、降血脂、防輻射、消炎等茶葉共有的保健作用。

■ 名優黑茶

普洱茶

普洱茶是以雲南省一定區域內的雲南大葉種晒青毛茶為原料，經過後發酵加工而成的黑茶。普洱茶分為散茶和緊壓茶。普洱茶需符合三個條件：

①以雲南一定區域內的大葉種茶樹鮮葉為原料；

②茶樹鮮葉的乾燥方式為晒乾；

③經後發酵加工而成。

普洱熟茶和普洱生茶

普洱熟茶是指經過後發酵的普洱茶，未經發酵的普洱茶為普洱生茶。以業界的標準界定，普洱茶應僅指普洱熟茶。普洱生茶為未經發酵的晒青，應劃歸綠茶類。

普洱熟茶茶餅

普洱生茶茶餅

存放幾年後的普洱生茶

普洱生茶加工工藝

普洱生茶的加工工藝為萎凋、殺青、揉捻、晒乾。

普洱生茶茶性較刺激，存放多年後茶性會變溫和。經自然發酵，陳放多年的普洱生茶被稱為普洱老茶。

普洱熟茶加工工藝

普洱熟茶的加工工藝為萎凋、殺青、揉捻、晒乾、蒸壓、乾燥、渥堆發酵、翻堆、出堆、解塊、乾燥、分級。

普洱熟茶的主要加工工藝是渥堆發酵。1973年，中國茶葉公司雲南茶葉分公司根據市場發展的需要，最先在昆明茶廠試製普洱熟茶，後在勐海茶廠和下關茶廠推廣生產工藝。渥堆發酵加速了普洱茶的陳化，雖然奪去了普洱茶的一些東西，但也賦予了普洱茶一些有益的成分，使茶性更加溫和。經過渥堆發酵，普洱熟茶乾茶呈深褐色，沖泡後湯色紅濃明亮，香氣獨特，滋味醇厚回甘，葉底紅褐均勻。

普洱熟茶的品質特點

優質普洱熟茶應具有以下特徵：

①外形：散茶勻整，緊壓茶鬆緊適度，呈棕紅色或棕褐色。

②湯色：紅褐明亮。

③香氣：陳香濃郁。陳香是普洱茶在後發酵過程中，多種化學成分在微生物和酶的作用下形成的新物質產生的一種綜合香氣，似桂圓香、紅棗香、檳榔香等，總之是令人愉快的香氣。普洱茶香氣達到較高境界即為普洱茶的陳韻。

④滋味：醇和爽滑，回甘好。

⑤葉底：呈暗栗色或黑色。

普洱熟茶茶湯

普洱熟茶茶餅

普洱熟茶的功效

普洱熟茶能增強腸胃消化功能，有助於減肥瘦身，提高免疫力，調節血壓、血糖，還有抗癌、健齒護齒、抗衰老等作用。

普洱茶外形

普洱茶外形主要有五種：

①餅茶：呈扁平圓盤狀。其中七子餅每塊淨重357克，每7塊包裝為1筒，故名「七子餅」。

②沱茶：形狀跟碗臼一般，每塊淨重100～250克。現在還有小沱茶，每塊淨重2～5克。

③磚茶：為長方形或正方形，以每塊重250克、1000克的居多，製成這種形狀主要是為了運輸方便。

④金瓜貢茶：為大小不等的南瓜形，每塊重100克到數千克。

⑤散茶：製茶過程中未經壓製，茶葉為散條形。散茶有用整張茶葉製成的條索粗壯肥大的葉片茶，也有用芽尖部分製成的條狀的芽尖茶。

普洱茶的存放方法

受「普洱茶越陳越香」論點的影響，許多人熱衷於存放普洱茶。存放普洱茶時最好選擇緊壓茶。

普洱茶的存放比較容易，一般情況下，只要不受陽光直射，在乾燥、通風、無雜味、無異味的環境裡放置即可。有條件的可以將普洱茶放在乾淨、無異味並且透氣性好的大陶罐裡，幾年內茶氣不會消散。

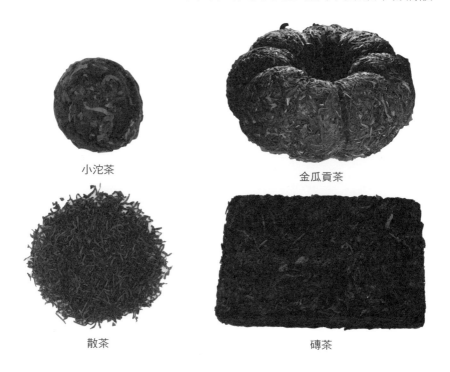

小沱茶

金瓜貢茶

散茶

磚茶

與普洱茶有關的茶品

①普洱茶膏。普洱茶膏是把發酵後的普洱茶透過特殊的方式分離出茶汁，將獲得的茶汁進行再加工製成的固態速溶茶。茶膏的顏色焦黑似炭，香氣和滋味濃郁，具有普洱茶所有的有益成分和保健功效。

②普洱茶老茶頭。在人工發酵過程中，因為溫度、溼度、翻堆等原因，部分普洱茶毛茶結塊，形成塊狀

螃蟹腳

普洱茶，茶廠會將這些茶塊撿出，即為普洱茶老茶頭。普洱茶老茶頭具有兼具生茶和熟茶特色的香氣和滋味，十分獨特。

③螃蟹腳。螃蟹腳是一種茶樹寄生植物，因形狀為節狀並且帶毫，如螃蟹的腿，故被當地人稱為「螃蟹腳」。據說只有上百年的古茶樹上才有螃蟹腳，它吸收了茶樹的養分，具有與普洱茶類似的淡淡香氣。

④菊普茶。菊普茶是將菊花和普洱熟茶一起沖泡而成的一種茶，在廣東、福建深受歡迎。沖泡方法是在沖泡普洱熟茶的方式再加入數朵菊花，菊花香能中和普洱茶的厚重感。

與普洱茶相關的詞彙

①內飛：1950年之前的普洱茶內通常都有一張糯米紙，印有廠家名稱，就是「內飛」，通常用於防偽。

②印級：茶葉包裝紙上的「茶」字以不同顏色標示，分為紅印、

綠印、黃印，用於區別茶品。

③乾倉：指用於存放普洱茶的通風、乾燥、清潔的倉庫。存放在乾倉中的普洱茶為自然發酵，發酵期較長。

④溼倉：指用於存放普洱茶的較潮溼的地方。存放於溼倉中的普洱茶發酵速度快。

⑤茶號：普洱茶作為商品，根據花色、級別不同，而且均有各自的茶號。

普洱茶的茶號為四位數或五位數，前面兩位數為該廠創製該品號普洱茶的年份；最後一位數為該廠的廠名代號（1為昆明茶廠、2為勐海茶廠、3為下關茶廠、4為普洱茶廠）；中間一位數或兩位數為普洱茶的級別，數字越小表明茶葉原料越幼嫩，數字越大表明茶葉原料越粗老。例如，「7683」表示下關茶廠生產的8級普洱茶，該廠1976年開始生產該種普洱茶；「79562」表示勐海茶廠生產的5級或6級普洱茶，該廠1979年開始生產該種普洱茶；「7542」表示勐海茶廠生產的4級普洱茶，該廠1975年開始生產該種普洱茶。

涇陽茯磚茶

涇陽茯磚茶產於陝西省涇陽縣，距今已有600多年的生產歷史。因在伏天加工，香氣與茯苓類似，且蒸壓後的外形為磚形，故稱茯磚茶。製作茯磚茶要經過原料處理、蒸汽渥堆、壓製定型、發花乾燥、成品包裝等工序。

涇陽茯磚茶外形為長方形，特製茯磚磚面色澤黑褐，內質香氣純正，湯色紅黃明亮，滋味醇厚，葉底黑褐勻齊；普通茯磚磚面色澤黃褐，內質香氣純正，湯色紅黃明亮，滋味醇和，葉底黑褐粗老。

茯磚內部

茯磚茶湯

　　茯磚內金黃色黴菌顆粒大，乾嗅有黃花清香，這是涇陽茯磚茶的獨特之處。涇陽茯磚茶能有效的降脂解膩，而且能養胃健胃。

六堡茶

　　六堡茶產於廣西壯族自治區梧州市蒼梧縣六堡鄉，屬黑茶類，因產於六堡鄉而得名。

　　六堡茶乾茶色澤黑褐，茶湯紅濃明亮，香氣陳醇，有檳榔香，滋味醇厚，爽口回甘，葉底紅褐，耐存放。六堡茶越陳越好，久藏的六堡茶發「金花」（冠突曲黴菌），這是六堡茶品質優良的表現。

六堡茶

花茶

　　花茶用鮮花和茶葉窨製而成，是再加工茶類中的一種，又名窨花茶、香片茶等。花茶集茶味與花香於一體，茶引花香，花增茶味，兩者相得益彰，既保持了濃郁爽口的茶味，又有鮮靈芬芳的花香，沖泡品飲，花香襲人，茶香滿口，令人心曠神怡。最常見的花茶是茉莉花茶。

茉莉花茶

■ 花茶茶坯

　　窨製花茶應選用嫩度較好的茶坯，以芽頭飽滿、毫多、無葉的嫩芽為優，一芽一葉次之。綠茶、紅茶、烏龍茶都可作為窨製花茶的茶坯。

　　①綠茶：較容易吸收花的香氣。成品茶如茉莉花茶。

　　②紅茶：滋味比較重，不太容易吸收花香。成品茶如玫瑰紅茶。

③烏龍茶：基本是球形的，揉捻得比較緊，較不容易吸香，需要多次窨製。成品茶如桂花烏龍。

■ 花茶的主要產地

花茶主要產於福建、江蘇、浙江、廣西、四川、安徽、湖南、江西、湖北、雲南等地。

■ 花茶的著名品種

花茶的著名品種有茉莉銀針、茉莉繡球、玫瑰繡球、玫瑰紅茶、桂花烏龍、荔枝紅茶等。

■ 花茶的特點

花茶用茶葉和鮮花窨製而成，富有花香，多以窨的花種命名，如茉莉花茶、桂花花茶、玉蘭花茶等。

①原料：茶葉、鮮花。

②外觀：根據茶坯茶類不同而不同，有些會有少許花瓣。

③香氣：集茶味與花香於一體。

④湯色：因茶坯茶類不同而呈現不同的湯色。

⑤滋味：既有濃郁爽口的茶味，又有花的甜香。

■ 花茶香氣的評價標準

評價花茶的香氣有三個標準：

①鮮靈度，即香氣的新鮮靈活程度，不可陳悶。

②濃度，即香氣的深淺程度，不可淡薄。

③純度，即香氣的純正程度及與茶味融合協調的程度，不可有雜味、怪味，不可悶濁。

■ 花茶中的乾花

有人認為乾花多就表示花茶質量好，這種理解有偏差。正規茶行所售花茶裡一般沒有或者只有少量乾花，因為廠家完成花茶加工後會請專人挑去乾花，特別是高級花茶。但有個別品種，如產自四川峨眉山的碧潭飄雪，會撒上些許新鮮茉莉花烘乾的花瓣加以點綴。

少數不良茶商會將廢花渣拌入茶葉，或者加入香精提香。所以，購買花茶時，最好不要以乾花多少來判斷花茶的品質。

另外，購買花茶時一定要品嚐，最好沖泡三次，如果花香還在，說明窨製的次數比較多，品質較好。

■ 選購花茶的方法

購買花茶時首先要觀察花茶的外觀，將乾茶放在茶荷裡，嗅聞花茶香氣，檢查茶坯的質量。有些花茶中有一些乾花，那是為了「錦上添花」，加入的乾花是沒有香氣的，因此不能以乾花多少來判斷花茶質量的優劣。

接著一定要進行沖泡，最好選用蓋碗，因為蓋碗既可聞香、觀色，還可品飲。取兩三克花茶放入蓋碗中，用90℃左右的水沖泡，隨即蓋上杯蓋，以防香氣散失。兩三分鐘後揭蓋觀賞茶在水中上下沉浮

的景象，稱為「目品」。再嗅聞碗蓋，頓覺芬芳撲鼻而來，稱為「鼻品」。茶湯稍涼適口時，小口喝入，在口中稍作停留，使茶湯在舌面上往返流動一兩次，充分與味蕾接觸，稱為「口品」。藉由三次沖泡，茶形、滋味、香氣俱佳者為高品質的花茶。

■ 茉莉花茶

　　茉莉花茶用鮮茉莉花和綠茶窨製而成。窨製就是讓茶坯吸收花香的過程。茉莉花茶的窨製是很講究的，製作茉莉花茶時，需要窨製三到七遍才能讓茶坯充分吸收花的香味。每次毛茶吸收完鮮花的香氣之後，都需篩出廢花，然後再次窨花，再篩，如此重複數次。窨製的次數越多，茉莉花茶的香氣越清透。

茉莉花茶

非茶之茶

　　在中國，「茶」是一個非常包容的概念，中國人習慣將對身體有益的飲料都稱為「茶」。非茶之茶大體可分為兩類：一類具有保健作用，稱為「保健茶」，例如大麥茶、菊花茶、苦丁茶；另一類則是休閒時飲用的「點心茶」，例如水果茶等。

　　保健茶是用植物的根、莖、葉、花、皮、果實等熬煮或沖泡而成的草本飲料。有些保健茶是用藥食兩用食材沖泡的，有一定的健康功效。保健茶比較溫和，非常適合日常飲用；有些具有特殊的香氣和顏色，可使人放鬆身心。常見的保健茶有枸杞茶、菊花茶、玫瑰花茶、荷葉茶等。

　　休閒時的點心茶製作比較隨意，常見的水果茶是將新鮮水果或加工製成的水果粒，單品種或混合，加水沖泡或煮飲而成。常見的水果茶有梨茶、橘茶、蘋果茶、山楂茶、椰子茶等。水果茶滋味甜美，深受年輕人喜愛。

■ 枸杞茶

枸杞茶是用溫水沖泡枸杞製成的茶飲。

枸杞具有補腎益精、養肝明目、調節血糖、降低膽固醇的功能，對於糖尿病有輔助治療作用，並能預防動脈粥狀硬化。此外，枸杞對肝腎不足引起的頭暈耳鳴、視力模糊、記憶力減退具有調理作用。

枸杞可與很多花草配伍。與菊花配伍，有明目的功效；與女貞子配伍，適用於調理肝腎精血不足導致的頭暈目眩、視物不清；與麥冬配伍，適用於調理熱盛傷陰、陰虛肺燥。

枸杞

■ 黨參茶

黨參因產自山西上黨而得名，屬桔梗科植物。將黨參泡飲即為黨參茶。

黨參具有補氣的功效，特別適用於倦怠乏力、精神不振、胸悶氣短的氣虛患者。由於補氣也有助於生血，所以黨參也適用於氣血兩虛、面色蒼白、頭暈眼花、胃口不好、大便稀

黨參

軟、容易感冒的人。黨參還具有調節腸胃蠕動、增強免疫力、增強造血功能，以及抑制血小板聚集、鎮靜安神、抗驚厥的作用。黨參常與紅棗、蒲公英、黃蓍、紫蘇葉等搭配煎煮，代茶飲用。

■ 菊花茶

菊花味甘苦，性微寒，有疏散風熱、清肝明目、清熱解毒等作用，對緩解眼睛疲勞、頭痛等有一定效用。菊花可直接用熱水沖泡後飲用，也可加少許蜂蜜調味。菊花茶適合頭暈目眩、目赤腫痛、肝火旺以及血壓高者飲用，但菊花性涼，體虛、脾虛、胃寒、容易腹瀉者慎用。

菊花

菊花的品種有很多，湖北麻城的福白菊、浙江桐鄉的杭白菊、安徽黃山腳下的黃山貢菊（徽州貢菊）比較有名，安徽亳州的亳菊、安徽滁州的滁菊、四川中江的川菊、浙江德清的德菊、河南焦作的懷菊有較高的藥用價值。

菊花茶

■ 玫瑰花茶

玫瑰花含有豐富的維生素和鞣酸，能排毒養顏，改善內分泌失調，而且對消除疲勞和傷口癒合有一定幫助。

玫瑰花

玫瑰花花蕾乾製，用沸水沖泡即成玫瑰花茶，適合肝氣鬱結所致胸脅脹痛、胸膈痞悶、乳房脹痛和月經失調者飲用，陰虛有火、內熱者慎飲。玫瑰花既可單獨作為茶飲，也可搭配綠茶和紅棗當茶飲，可去心火，保持精力充沛。

■ 大麥茶

大麥茶是將大麥炒製後再沸煮而得，是中國、日本、韓國等國民間廣受歡迎的一種傳統清涼飲料。把大麥炒製成焦黃，飲用前，只需要用沸水沖泡兩三分鐘就可浸出濃郁的麥香。

大麥茶味甘，性平，含有消化酵素和多種維生素，能夠益氣和胃，適用於病後胃弱引起的食慾不振。大麥茶含有人體所需的微量元素、胺基酸、不飽和脂肪酸、蛋白質和膳食纖維，能增強食慾，暖腸胃。許多韓國家庭常用大麥茶代替飲用水。

■ 理性看待非茶之茶

第一，應客觀、平和的看待各種非茶之茶。藥草茶、花草花和其他特色健康茶屬於保健茶，而不是包治百病的靈藥，雖然對調理體質、輕身養顏、預防疾病以及調理小病具有一定作用，但不能代替藥物，身體出現不適時仍應儘快就醫。

第二，花草茶、藥草茶搭配種類越多，功效越多，但是對身體造成不良影響的可能性也越高。在選擇花草和藥草時，要根據自己的體質，而且花草茶混搭的種類不宜過多。

第三，飲用各種非茶之茶前最好諮詢醫生，飲用過程中應認真觀察自己的身體反應，有不適感應立即停飲。

第四，一些比較寒涼的花草茶和藥草茶在上火時喝兩三天即可，不宜長期飲用，以免養生不成反而傷胃。

非茶之茶應依據個人身體情況，適時、適量飲用，不應連續長時間飲用。

二

明代許次紓《茶疏》中曾說：「精茗蘊香，借水而發，無水不可與論茶也。」充分說明了好茶需要配好水，好水才能泡好茶。水質能直接影響茶湯品質，水質不好，則不能正確反映茶葉的色、香，對茶湯滋味影響更大。

泡茶擇水

有講究

泡茶用水有講究

■ 泡茶常用的水

泡茶常用的有六種水：

①山泉水：是泡茶最理想的水，但應注意是否潔淨，且不宜存放過久，以新鮮為好。

②江水、河水、湖水：遠離人口密集處的江水、河水、湖水也是泡茶的好水。

③雪水、雨水：被古人稱為「天泉」，尤其是雪水，更為古人所推崇。

④井水：屬地下水，懸浮物含量少，透明度較高。

⑤純淨水：淨度好，透明度高，是泡茶的好水。

⑥自來水：含有用來消毒的氯氣，氯化物與茶中的多酚類物質發生反應，使茶湯表面形成一層「鏽油」，喝起來有苦澀味。此外，在水管中滯留較久的自來水還含有較多的鐵離子，當水中的鐵離子含量超過萬分之五時，會使茶湯呈褐色。

■ 古人對泡茶用水的選擇標準

古人對泡茶用水的選擇標準為清、活、輕、甘、冽。

①清：水質要清。要求無色、透明、無沉澱物。

②活：水源要活。根據科學研究，在流動的水中，細菌不易繁殖，而且活水經自然淨化，氧氣含量較高，泡出來的茶湯特別鮮爽。

③輕：水體要輕。水的比重越大，說明溶解的礦物質越多。經過實驗，當水中的鐵離子含量過高時，茶湯就會發暗，滋味也變淡；鋁離子含量過高時，茶湯會有明顯的苦澀味；鈣離子含量過多時，茶湯會帶澀。因此，泡茶用水以輕為美。

④甘：水味要甘。入口之後，舌尖立刻便會有甜滋滋的感覺。嚥下去後，喉中也有甜爽的回味。

⑤冽：即冷寒之意。寒冽之水大多出於地層深處的泉脈之中，受汙染較少，泡出來的茶湯滋味純正。

古人如何說水

①水要甘而潔。宋代蔡襄在《茶錄》中說：「水泉不甘，能損茶味。」宋徽宗趙佶在《大觀茶論》中提出：「水以清輕甘潔為美。」此外，北宋王安石還有「土潤箭萌美，水甘茶串香」的詩句。

②水要活而清。宋代唐庚的《鬥茶記》記載：「水不問江井，要之貴活。」明代張源在《茶錄》中分析得更為具體，指出：「山頂泉清而輕，山下泉清而重，石中泉清而甘，砂中泉清而冽，土中泉淡而白。流於黃石為佳，瀉出青石無用。流動者愈於安靜，負陰者勝於向陽。真源無味，真水無香。」

③貯水要得法。明代許次紓在《茶疏》中指出：「水性忌木，松杉為甚。木桶貯水，其害滋甚，挈瓶為佳耳。」

古代泡茶用水分等的情況

唐代劉伯芻是古代著名的鑑水家，他將天下適宜泡茶的水進行了排名，情況如下：揚子江南零水（又名中泠泉），第一；無錫惠山寺石泉水，第二；蘇州虎丘寺石泉水，第三；丹陽縣觀音寺水，第四；揚州大明寺水，第五；吳淞江水，第六；淮水，第七。

山泉水

■ 泉水泡茶有講究

一般說來，在天然水中，泉水比較清澈、雜質少、透明度高，並且污染少，水質最好。但是，由於水源和流經途徑不同，不同泉水中的溶解物和泉水硬度等會有很大差異。因此，並不是所有泉水都是優質的，不是所有泉水都適合泡茶。有些泉水，如硫磺礦泉水就已失去飲用價值。

■ 中國五大名泉

中國五大名泉有多種說法，比較被認可的說法是：鎮江中冷泉、無錫惠山泉、蘇州觀音泉、杭州虎跑泉和濟南趵突泉。

鎮江中冷泉

中冷泉又名南零水，早在唐代就已天下聞名，劉伯芻把它推舉為中國宜於煎茶的七大水品之首。中冷泉原位於江蘇鎮江金山以西的長江江中盤渦險處，汲取極難。文天祥有詩寫道：「揚子江心第一泉，南金來此鑄文淵。男兒斬卻樓蘭首，閒品茶經拜羽仙。」如今，因江灘擴大，中冷泉已與陸地相連，僅是一個景觀了。

無錫惠山泉

無錫惠山泉號稱「天下第二泉」。此泉於唐代大曆十四年（779年）開鑿，距今已有1200多年歷史。唐代張又新《煎茶水記》中說：「水分七等……惠山泉為第二。」宋末元初書法家趙孟頫和清代書法家王澍分別書有「天下第二泉」，刻石於泉畔，至今保存完整。

惠山泉分上、中、下三池。上池呈八角形，水色透明，甘醇可口，水質最佳；中池為方形，水質次之；下池最大，為長方形，水質又次之。

歷代王公貴族和文人雅士都把惠山泉水視為珍品。相傳唐代宰相李德裕嗜飲惠山泉水，常令地方官吏用罈封裝泉水，從鎮江運到長安（今陝西西安），全程數千里。當時詩人皮日休，借楊貴妃驛遞南方荔枝的故事，作了一首諷刺詩：「丞相長思煮茗時，郡侯催發只憂遲。吳關去國三千里，莫笑楊妃愛荔枝。」

蘇州觀音泉

蘇州觀音泉為蘇州虎丘勝景之一，位於蘇州虎丘山觀音殿後，泉水清澈甘冽，終年不斷。據傳此泉為陸羽所鑿，故又名陸羽井。唐代劉伯芻和張又新都認定觀音泉為第三泉。觀音泉有兩個泉眼，同時湧出泉水，一清一濁，涇渭分明，令人讚嘆。

杭州虎跑泉

相傳，唐代元和年間，有個名叫性空的和尚遊方到虎跑，見此處環境優美，風景秀麗，便想建座寺院，但此處無水源，和尚一籌莫展。夜裡，和尚夢見神仙相告：「南嶽衡山有童子泉，當夜遣二虎遷來。」第二天，果然跑來兩隻老虎，刨地作穴，泉水湧出，水味甘醇，虎跑泉因此而得名。

同其他名泉一樣，虎跑泉水質好也有地質學依據。虎跑泉的北面是林木茂密的群山，地下是石英砂岩。天長日久，岩石經風化作用，產生許多裂縫，地下水通過砂岩的過濾，慢慢從裂縫中湧出。據分析，虎跑泉水可溶性礦物質較少，總硬度低，張力大，水質極好。

濟南趵突泉

趵突泉為濟南七十二泉之首，位於濟南舊城西南角，泉的西南側有一座精美的觀瀾亭。趵突泉水清澈透明，味道甘美，是十分理想的飲用水。

■ 現代泡茶常用的水

喝茶已成為現代人生活中不可缺少的一部分。但我們飲用山泉

水、江水、雪水等天然水的機會很少。很多名泉地都開發了桶裝泉水，我們可以根據自己的情況選用。另外，從超市購買的純淨水以及經過過濾裝置處理的自來水等，泡茶都不錯。

■ 軟水和硬水

現代科學分析認為，水有軟水和硬水之分。不含或較少含鈣、鎂、鐵、錳等可溶性鹽類的水為軟水，含有較多鈣、鎂、鐵、錳等可溶性鹽類的水為硬水。簡單來說，在無汙染的情況下，自然界中只有雪水、雨水和露水才稱得上軟水，其他如泉水、江水、河水、湖水和井水等均為硬水。

軟水泡茶，茶湯的色、香、味俱佳。含碳酸氫鈣、碳酸氫鎂的硬水，可經過煮沸、沉澱進行軟化後用來泡茶。

■ 水的酸鹼度對泡茶的影響

水的酸鹼度（pH）對茶湯的色澤、滋味有較大影響。當pH小於7時，水呈酸性；pH大於7時，水呈鹼性；pH等於7時，水呈中性。用中性水或偏酸性水泡茶，茶湯顏色鮮亮；用鹼性水泡茶，茶湯呈暗褐色。因此，建議使用中性水或偏酸性水泡茶。

■ 自來水泡茶有講究

自來水經過簡單處理，也能泡出好喝的茶。用自來水泡茶，可以用無汙染的容器先貯存一天，待氯氣揮發後再煮沸泡茶，或者使用淨水器、濾水壺等將水淨化，使之成為較好的泡茶用水。

泡茶水溫有講究

　　一般情況下，水溫與茶葉中有效成分在水中的溶解度呈正比。水溫越高，溶解度越大，茶湯越濃；水溫越低，溶解度越小，茶湯越淡。不同種類的茶要用不同溫度的水來沖泡。有些茶必須用100℃的沸水沖泡，比如普洱茶和各種沱茶。一般泡茶前還要用沸水燙熱茶具，沖泡後在壺外淋沸水。少數民族飲用磚茶，對水溫要求更高，要將磚茶敲碎，放在鍋中熬煮。近幾年比較流行的老白茶也可以煮著喝，風味獨特。高級綠茶一般用80℃左右的水沖泡，泡出的茶湯明亮嫩綠，滋味鮮爽。花茶、紅茶和中低層級的綠茶宜用85～90℃的水沖泡。烏龍茶宜用95℃以上的水沖泡。

■ 燒水時判斷水溫的方法

　　《茶經》中所描述的，是靠看氣泡判斷水的沸騰情況：「其沸，如魚目，微有聲，為一沸；緣邊如湧泉連珠，為二沸；騰波鼓浪，為三沸。」

　　現在燒水判斷水沸騰有多種方法，有人聽聲音，有人用手輕觸或靠近煮水器的外表來判斷水溫，有人看蒸汽冒出來判斷水沸騰。另外，還可以使用自動控溫的器具，或使用溫度計測量水溫。

■ 泡茶水溫過高或過低時

　　如果泡茶水溫過高，茶葉會被燙熟，葉底變成菜黃色，失去觀賞

價值；而且茶中所含維生素等營養成分會遭到破壞，咖啡因、茶多酚
等會過快浸出，使茶湯產生苦澀的味道。

　　如果泡茶水溫過低，則會造成茶葉浮於水面，茶葉中的營養成分
難以浸出，茶湯稀薄，味道寡淡。

茶水比有講究

■ 投茶量

茶葉的用量沒有統一標準，通常根據茶葉種類、茶具大小以及飲用習慣來決定。如果使用150毫升左右的茶壺，一般來說，沖泡紅茶或者綠茶，投茶量在3克左右；普洱茶投放5克左右；烏龍茶投放5～8克。此外，投茶量還與沖泡時間相關，茶葉放得少，沖泡時間要長；茶葉放得多，沖泡時間應稍短。

■ 量取茶葉的方法

初學者可以用電子秤來準確測量茶葉克重，多次練習取茶、泡茶後，慢慢就可以掌握好投茶量了。

另外，根據每款茶的不同，可以用茶則來簡單量取茶葉，逐漸把握取茶量。還可以根據茶壺大小進行估算，再配合電子秤量取茶葉。有了茶壺容量和茶葉克重比例的感覺後，就能比較準確的投茶了。

茶秤

沖泡時間有講究

　　泡茶的次數多了，會慢慢培養出對沖泡時間的感覺，每款茶多長時間出湯，憑的是經驗和個人喜好。

　　初學泡茶，可以參考每款茶的「沖泡時間公式」：綠茶和紅茶，3克茶，150毫升水，第一泡40秒，之後每多一泡加20秒；烏龍茶一般用8克茶葉，先用沸水潤一下茶，馬上將水倒出，這樣能使之後的第一泡茶更充分浸出，同樣第一泡40秒出湯，之後每多一泡加20秒。稍稍增加沖泡時間，是為了使前後茶湯濃度一致。

　　此外，泡茶水溫和投茶量對沖泡時間有影響。一般水溫高、用茶多，沖泡時間宜短；水溫低、用茶少，沖泡時間宜長。

　　雖然沖泡時間的原則和習慣如此，但是在實際操作中應根據飲茶者的喜好進行調整。

沖泡次數有講究

　　茶葉的沖泡次數與茶葉種類、沖泡方法等有關。

　　細嫩茶葉一般不耐沖泡，粗老茶葉較耐沖泡。如細嫩綠茶，杯泡時，沖水一兩次就要換茶葉；黑茶、烏龍茶等原料粗老的茶葉，壺泡時可泡四五次甚至更多次；品質好的普洱茶有的能夠沖泡十次以上；只有袋泡茶，一般只沖泡一次。

　　泡茶所需的器具分為兩大類：主泡器具和輔助用具。以精美的茶具來襯托好水、佳茗的風韻，堪稱生活中的藝術享受。魯迅先生在《喝茶》裡說過：「喝好茶，是要用蓋碗的。於是用蓋碗。果然，泡了之後，色清而味甘，微香而小苦，確是好茶葉。」可見，泡不同的茶應選擇不同的茶具，這樣才能真正體現茶的魅力。

泡茶備具 有講究

主泡器具有講究

■ 茶壺

在所有的泡茶器具中，茶壺可謂主角。泡茶用紫砂壺最常見，此外還有陶壺、瓷壺、玻璃壺，近來又有金、銀茶壺，各種材質的茶壺樣式繁多，令人目不暇接。

茶壺應根據所泡茶的特點選配。如紫砂壺比較適合沖泡烏龍茶和普洱茶，紫砂壺中的朱泥壺是沖泡烏龍茶的佳選；沖泡紅茶、一般綠茶和花茶多選用瓷壺，不會奪去茶的香氣；如在沖泡過程中需要欣賞茶湯顏色和茶葉上下飛舞的情景，或沖泡花草茶和高級綠茶等，玻璃壺是不二之選；如沖泡需要加熱的茶，玻璃壺與酒精爐相得益彰。

無論使用什麼材質的茶壺，泡茶完畢，都應用沸水沖洗乾淨，晾乾，再蓋蓋子收好。

紫砂壺
紫砂壺為什麼深受喜愛

紫砂壺是中國特有的，集詩詞、繪畫、雕刻、手工製作於一體的陶土工藝品。紫砂壺造型簡潔大方，色澤古樸典雅。紫砂壺使用的年代越久，壺身色澤越光潤，泡出來的茶湯也越醇郁，甚至在空壺裡注入沸水都會有一股清淡的茶香。由於宜興地區紫砂泥料的特殊性，紫砂壺確實具備宜茶的特性。

茶壺

紫砂壺的特點

紫砂壺有五大特點：

①既不奪茶香又無熟湯氣，故所泡茶湯香氣極佳；

②能吸收茶香。使用一段時日後，空壺注入沸水也有茶香；

③便於洗滌。長時間不用的紫砂壺，再次使用時用沸水燙泡兩三遍即可；

④適應性強。即使在寒冬臘月注入沸水，壺身也不會因溫度急變而脹裂；

⑤紫砂壺本身具有藝術價值，兼具使用、鑑賞和收藏功能。

挑選紫砂壺有講究

挑選一把好用的紫砂壺，要特別注意以下幾點：

①出水要順暢，斷水要果斷；

②重心要穩，端拿要順手；

③口、蓋設計合理，茶葉進出方便；

④大小需合己用。

紫砂壺養護有講究

紫砂壺養護不是一件單獨的工作，使用紫砂壺的過程也是養壺的過程，我們應該在泡茶的過程中養壺。養壺的過程漫長，養壺如養性，需要耐心。一把養好的紫砂壺，應光澤內斂，如同謙謙君子，端莊穩重，溫文含蓄。

紫砂壺養護的講究很多，可總結為以下幾點：

①每次泡茶完畢，需徹底將壺洗淨、晾乾；

②切忌使壺接觸油汙；

③趁紫砂壺溫度高時，用茶汁滋潤壺身；

④適度擦刷壺身，表面有泥繪、雕刻等工藝的壺要特別小心；

⑤讓壺有休息的時間；

⑥專壺專用，一把壺泡一類茶甚至是一種茶。

持拿紫砂壺有講究

如單手持壺，則中指勾進壺把，拇指捏住壺把（中指也可和拇指一起捏住壺把），無名指頂住壺把底部，食指輕搭在壺鈕上，記住不要按住氣孔，否則水無法流出。

如是大壺，需要雙手操作，一般右手將壺提起，左手食指扶在壺鈕上。

持壺

清潔紫砂壺有講究

喝茶最講潔淨，因為茶漬不好清洗，所以要養成喝完茶及時清洗茶具的習慣，千萬不要讓用過的紫砂壺不洗就過夜。每天泡完茶後，只需用沸水把紫砂壺徹底沖洗乾淨、晾乾就可以了。

如果紫砂壺長時間用過不洗，壺內留有茶漬，也不必緊張，用小蘇打就可以清洗乾淨。清洗時，先用清水浸溼茶壺，然後用小蘇打清潔，最後用清水沖淨茶壺。

■ 茶杯

茶杯是盛茶用具，用於品嚐茶湯。茶杯的材質多樣，有瓷茶杯、紫砂茶杯、玻璃茶杯等。

茶杯分為大小兩種：小杯也叫品茗杯，用於烏龍茶的品飲，常與聞香杯搭配使用；大杯可直接用於泡茶和飲茶。

■ 聞香杯和品茗杯

聞香杯和品茗杯是沖泡烏龍茶時使用的茶具。聞香杯細高，能聚攏和保留香氣，用來聞茶湯香氣；品茗杯用來品嚐茶湯滋味。一般兩種杯材質相同，多為瓷質或紫砂材質，兩杯組合使用。

使用時先將茶湯倒入聞香杯，再左手握杯旋轉將茶湯倒入品茗杯，然後馬上靠近聞香杯聞香，之後品飲品茗杯裡的茶湯。

■ 杯托

杯托放在茶杯下，用於放置茶杯。茶席上茶杯和杯托組合使用，

有杯必有托。杯托既可以增強泡茶、飲茶的儀式感和美感，又可以防止燙手，還可以避免茶杯直接接觸桌面，進而對桌面有著保護、保持清潔的作用，有的杯托還能增加茶杯的穩定性。杯托的材質和形狀多樣，富有美感。

有杯必有托

■ 蓋碗

蓋碗又稱蓋杯，由杯蓋、杯身、杯托三部分組成。如果初學泡茶，或者不喜歡過於細碎繁瑣的程序，可以使用蓋碗泡茶。一個人喝茶，直接用蓋碗沖泡，聞香、觀色、嘗味都很方便；與朋友一起喝茶，可以用蓋碗泡茶，再把茶湯倒入公道杯，與朋友分飲。

蓋碗的材質以瓷質為主，瓷蓋碗以江西景德鎮出產的最為著名。此外也有紫砂蓋碗和玻璃蓋碗。

蓋碗有大、中、小之分，挑選蓋碗時，除考慮材質、花色外，還應根據使用者手的大小選擇合適的型號。男士一般選擇大的，持拿起來比較方便；女士則盡量選擇小的，拿起來比較順手。

另外，挑選蓋碗時，還要注意蓋碗杯口的外翻程度，杯口外翻越大越不容易燙手，越容易拿取。

蓋碗使用有講究

使用蓋碗斟倒茶湯時，先將杯蓋稍斜放，杯蓋和杯身之間留有縫隙，然後用食指扶住杯蓋的中間，拇指和中指扣住杯身左右的邊緣，

再提起蓋碗，傾倒茶湯。倒茶時應使出水口與地面垂直，如果出水口偏向身體一側則容易燙到拇指。

另外，用蓋碗泡茶時要注意，水不宜過滿，以七成為宜，過滿也很容易燙手。

不同性別蓋碗使用有講究

用蓋碗飲茶，男士和女士的動作與氣度略有不同。

女士飲茶講究輕柔靜美，左手端杯托提蓋碗於胸前，右手緩緩揭蓋聞香，隨後觀賞湯色，用杯蓋輕輕撥去茶末細品香茗；男士飲茶講究氣度豪放，瀟灑自如，左手持杯托，右手揭蓋聞香，觀賞湯色，用杯蓋撥去茶末，提杯品茗。

女子用蓋碗

■ 公道杯

　　公道杯又叫茶盅，用來盛泡好的茶湯，有均勻茶湯的作用。無論泡什麼茶，公道杯幾乎都是必不可少的。公道杯最常見的材質是紫砂、陶瓷和玻璃，大部分有柄，也有無柄的，還有少數帶濾網。

　　如果選擇紫砂質地的公道杯，應盡量選擇裡面上白色釉的，這樣可以更清晰的觀賞茶湯的顏色。瓷質的公道杯樣式比較多，選擇也比較多。現在，很多人越來越喜歡使用玻璃的公道杯，主要是因為能夠清楚看到茶湯的顏色。選擇什麼質地的公道杯主要是根據個人喜好，並與壺、杯等茶具相配。

　　選購公道杯時要注意看它斷水是否俐落，倒水時是否能夠隨停隨斷。

■ 濾網

　　濾網放在公道杯上與公道杯配套使用，主要用途是過濾茶渣。

　　和其他茶具一樣，濾網使用後要及時清理，可用細的小毛刷將網子上的茶垢清理乾淨，以便茶湯過濾得更順暢。

　　是否使用濾網，應視茶的種類、品質和個人泡茶習慣而定，通常品質較好的茶葉碎茶屑較少，可以不用濾網。

公道杯和濾網

茶船

■ 茶船

茶船如船一樣，承托著茶壺、茶杯、濾網等茶具，用於存放和導出廢水。茶船的材質非常多，有木質的，如黃花梨木、雞翅木、檀木和竹木等；有各種石頭材質的，如硯石、烏金石和玉石等；還有陶瓷的。茶船的形狀、裝飾各異，選擇很多。

茶船選購有講究

茶船有兩三人用的，也有四五人或六人以上用的，因此購買時應考慮放置茶船空間的大小以及使用人數的多寡。另外，選購茶船時還要考慮茶船的使用壽命和茶船材質的特殊性，比如木質茶船可能開裂的問題、石質茶船質地堅硬的情況等。

茶船使用有講究

茶船有兩種：一種是雙層茶船，上面是一個托盤，下面是一個茶盤，上面的托盤可以取下，廢水通過茶船上層的孔道流到下面的茶盤裡，等茶盤裡的水滿了就倒掉；另外一種是下面沒有茶盤的單層茶船，需要接一根軟管，管的一端連通茶船，另一端要放一個貯水桶，茶船裡的廢水經過凹槽匯到出口處，再經軟管流入貯水桶。

使用雙層茶船時，要隨時注意廢水的排出量，如果飲茶的人多，用的茶船較小，應多次傾倒廢水，以免廢水溢出。使用單層茶船時，需隨時注意茶船的出水孔是否通暢，應隨時清出茶渣，出水不暢時要調整軟管，並注意清理廢水桶。無論使用哪種茶船，每次使用完畢，除了要清洗茶具，還要除淨廢水、洗淨茶船。如長時間不清洗，茶船會發霉，木質茶船還可能開裂。

■ 水方

水方又叫水盂，用來盛放廢水及茶渣。水方應與其他茶具相搭配，如果喝茶的人少，泡茶時使用水方比較方便。水方使用完畢要及時清理。

水方

■ 壺承

壺承在泡茶時用來放置茶壺，承接溫壺和泡茶的廢水，通常與水方搭配使用。壺承功能類似於茶船，但是比茶船體積小。一般泡茶場地較小時，用壺承泡茶更加輕便靈活。壺承多為盤狀，質地有紫砂、瓷、金屬等，有單層和雙層兩種。無論哪種材質的壺承，使用時都最好在底部墊一個壺墊，以免摩擦或碰撞。

壺承

輔助用具有講究

■ 茶道六君子

　　茶道六君子是泡茶不可或缺的輔助用具，包括茶則、茶匙、茶夾、茶漏、茶針和茶筒，多為竹木質地。

　　茶道六君子用途如下：茶則用來盛取茶葉；茶匙協助茶則將茶葉撥至泡茶器中；茶夾用來代替手清洗茶杯，並將茶渣從泡茶器皿中取出；茶漏可擴大壺口的面積，防止茶湯外溢；茶針用來疏通壺嘴；茶筒用來收納茶則、茶匙、茶夾、茶漏和茶針。

　　使用茶道具時要注意保持乾爽、潔淨，手拿用具時不要碰到用具接觸茶葉的部分。擺放時也要注意，不要妨礙泡茶。

茶道六君子

■ 茶巾

茶巾在整個泡茶過程中用來擦拭茶具上的水漬、茶漬，以保持泡茶區域的乾淨、整潔。茶巾一般為棉麻質地，應具有吸水性好、顏色素雅、能與茶具相配的特點。

茶巾使用完畢要清洗、晾乾。當茶具不用時，還可將茶巾蓋在上面，以免灰塵落在茶具上。

■ 茶荷

茶荷用來觀賞乾茶，材質有瓷、紫砂、玉石等。選擇茶荷時，除了注意外觀以外，還要注意無論哪種質地的茶荷，內側都最好是白色，方便觀賞乾茶的顏色和形狀。

茶荷

■ 茶倉

茶倉即茶葉罐，用來盛裝、儲存茶葉。常見的茶倉有瓷、紫砂、陶、鐵、錫、紙以及搪瓷等材質。

因為茶葉有易吸味、怕潮、怕光和易變味的特點，故挑選茶倉時首先要看它的密封性，其次是注意有無異味、是否不透光。各種材質的茶倉中，錫罐的密封性和防異味的效果最好；鐵罐的密封性不錯，但隔熱效果較差；陶罐的透氣性好；瓷罐的密封性稍差，但外形美觀；紙罐具有一定的透氣性和防潮性，適合短期存放茶葉。

選擇茶倉時，還應考慮茶葉的特點。如普洱茶適合用陶罐存放；安溪鐵觀音、武夷岩茶適合用瓷罐或錫罐存放；紅茶適合用紫砂罐或

瓷罐存放。不同的茶葉最好用不同的茶葉罐來盛裝，並註明茶葉的名稱及購買日期，方便日後品飲。

■ 茶刀

茶刀又叫普洱刀，是用來撬取緊壓茶的專用工具，有牛角、不鏽鋼等材質。茶刀有刀狀的和針狀的，針狀的適用於壓得比較緊的茶葉，刀狀的適合普通的緊壓茶。

撬取茶餅時，先將茶刀插進茶餅中，慢慢向上撬起，再用手按住茶葉輕輕放在茶荷裡。針狀的茶刀比較鋒利，撬取茶葉時要避免弄傷手。

■ 茶趣

茶趣也叫茶寵，用來裝飾、美化茶桌，一般為紫砂質地，有瓜果梨桃、各種小動物和人物造型，生動可愛，為泡茶、品茶帶來無限樂趣。因為是紫砂質地，所以平時也要像保養紫砂壺一樣保養茶趣，要經常用茶汁澆淋表面，慢慢也會養出茶趣的靈氣。

■ 廢水桶

廢水桶用來貯存泡茶過程中的廢水，透過一根塑膠軟管與茶船相連，有不鏽鋼、塑膠等材質。每次泡茶後要及時進行清理，以保持廢水桶的乾淨、整潔。

■ 煮水壺

煮水壺有不鏽鋼、鐵、陶和耐高溫的玻璃材質。熱源有酒精、電熱和炭熱等，其中電熱的煮水壺比較普遍受到使用。

泡茶是否得宜，對茶湯的風味影響極大。要喝上一杯茶香濃郁的熱茶，掌握泡茶技法是關鍵。

泡茶技法有講究

典型技法

■ 上投法

上投法是先放水再投茶的投茶法。以沖泡綠茶為例，先將沸水注入玻璃杯，等水溫降低到80℃左右，將3克綠茶投入杯中，約1分鐘後，茶湯可品飲。中國十大名茶中的碧螺春宜用上投法沖泡，因為碧螺春芽葉細嫩，滿披絨毛，所以泡茶水溫不能高，也不能用水直接砸茶葉。

上投法對茶葉的要求比較高，適用於沖泡原料細嫩的茶葉，太鬆散的茶葉不適合用上投法沖泡。

■ 中投法

中投法是先放水，再投茶，之後再次沖水的投茶法。以沖泡綠茶為例，先將沸水注入玻璃杯1/3左右，再將茶葉投入，輕輕搖動玻璃

上投法　　　　　　　　中投法　　　　　　　　下投法

杯，聞茶葉香氣，約20秒後，再注入溫水，約30秒後便可品飲。

中投法適用於中高級茶葉的沖泡。

■ 下投法

下投法是先投茶再沖水的投茶法。以沖泡綠茶為例，先將3克茶葉置於玻璃杯中，再沿著杯壁注入冷卻到80℃左右的熱水，嗅聞茶香，靜靜等待20秒後，加水至玻璃杯的2/3，稍等片刻即可品飲。下投法投茶後也可一次完成沖水。

下投法主要適用於沖泡茶條扁平、輕、不易下沉的茶葉，比如西湖龍井、白茶龍井等。

■ 高沖

高沖也叫懸壺高沖。在蓋碗中放好茶葉之後，一般是用左手將水壺提高注水，使熱水沖擊茶葉，以利於茶汁的浸出，泡出茶的好滋味，也可使水溫稍稍降低。

■ 浸潤泡

浸潤泡是指杯泡時先放好茶葉，再向杯中注入少量熱水，浸潤芽葉，讓芽葉舒展，片刻後再沖水至杯的七八分滿。杯泡名優細嫩綠茶時多採用浸潤泡分段沖泡法。

高沖

■ 鳳凰三點頭

沖水時，有節奏的連續三次上下拉動手臂，使水流不間斷，水不外溢，沖水量恰到好處，即「鳳凰三點頭」。隨著水的注入，茶葉上下迴旋，茶湯濃度迅速達到一致。這種做法同時也是向品飲者致意，以示禮貌與尊重。

■ 潤茶

潤茶也稱醒茶，是泡茶的一個步驟，專業稱為「溫潤泡」。潤茶是指沖泡時先放好茶葉，再向壺（杯）中注入少量熱水並迅速倒掉，之後再繼續沖泡。潤茶適用於某些外形比較緊結的茶葉，如烏龍茶、普洱茶等。潤茶可以提高茶具的溫度，利於茶香的發揮。

但綠茶、紅茶等茶葉，原料細嫩或外形細碎，製作時揉捻充分，茶中的營養物質極易浸出，就不需要潤茶了。

值得一提的是，有人稱潤茶為「洗茶」，認為這樣做可以洗掉茶中的農藥殘留，不過此為缺乏科學依據的說法。

■ 淋壺

淋壺是在正泡沖水後，再在壺的外壁迴旋淋澆，以提高壺的溫度，也稱「內外攻擊」。如果使用紫砂壺泡茶，在泡茶過程中，一般都會順手沖淋一下壺身，一是為了沖掉壺身的茶漬，二是為了保持壺內的溫度，以激發出茶的韻味，使茶湯更加溫潤細膩。

一茶一泡

地域遼闊，茶類眾多，不同種類的茶泡法雖有相同之處，但也有一定的差異，應根據茶類選擇相應的泡茶技法。

■ 綠茶泡茶技法

綠茶在中國南方地區非常流行，是人們普遍喜歡的茶類。綠茶的泡法因茶品而異。

1. 玻璃杯泡法

玻璃杯泡法，比較適合沖泡細嫩名茶，便於觀察茶在水中緩慢舒展、游動、變化的過程，人們稱之為「茶舞」。根據茶條的鬆緊程度，可採用不同的沖泡技法：

一是上投法，適合沖泡細嫩的名茶，如碧螺春、都勻毛尖、蒙頂甘露、盧山雲霧、凌雲白毫、湧溪火青、高橋銀峰、蒼山雪綠等。

二是中投法，適合沖泡茶條鬆展的名茶，如六安瓜片、黃山毛峰、太平猴魁、舒城蘭花等。

三是下投法，適合沖泡比較粗老的綠茶。

2. 瓷杯泡法

瓷杯泡法，比較適合沖泡中高級綠茶，重在適口、品味。沖泡時可採用中投法或下投法，一般先觀色、聞香後，再入杯沖泡。這種泡法用於客來敬茶和辦公時間飲茶較為方便。

■ 紅茶泡茶技法

紅茶的泡茶技法，因人、因事、因茶而異。

1. 根據茶具，可分為蓋杯泡法和壺泡法

蓋杯泡法，一般適用於沖泡各類工夫紅茶、小種紅茶、袋泡紅茶和速溶紅茶；各類紅碎茶、紅茶片和紅茶末等，為使沖泡後的茶葉與茶湯分離，便於飲用，習慣採用壺泡法。

2. 根據茶湯中是否添加其他調味品，可分為清飲法和調飲法

中國絕大部分地區飲紅茶習慣採用清飲法，即不在茶中添加其他的調料，使茶湯保持固有的香味。調飲法是在茶湯中加入調料，以佐湯味的一種方法，比較常見的是在紅茶茶湯中加入糖、牛奶、檸檬片、咖啡、蜂蜜和香檳酒等。在西藏自治區、內蒙古自治區和新疆維吾爾自治區等地，調飲法非常普遍。

調飲紅茶

3. 根據紅茶的品種，可分為工夫泡法和快速泡法

工夫泡法，是中國傳統工夫紅茶的泡茶方法。品飲工夫紅茶重在

領略茶的清香和醇味，先觀其色，再品其味。

　　快速泡法，主要用於沖泡紅碎茶、袋泡紅茶、速溶紅茶等。紅碎茶一般沖泡一次，多則兩次。袋泡紅茶飲用更為方便，一袋一杯，既方便又衛生。

　　4. 根據茶湯浸出方法，可分為沖泡法和煮飲法

　　沖泡法：將茶葉放入茶杯或茶壺中，然後沖入沸水，靜置幾分鐘後，待茶葉內含物溶入水中即可飲用。這種方法簡便易行，被大眾廣泛使用。

　　煮飲法：紅茶入壺後加入清水煮沸，然後沖入預先放好奶、糖的茶杯中，分給大家飲用。煮飲法多在餐前飯後飲茶時使用，特別是少數民族地區，喜歡用長嘴銅壺或咖啡壺煮茶。

■ 烏龍茶泡茶技法

　　烏龍茶的採製工藝有許多獨到之處，而泡茶方法更為講究。

　　烏龍茶是半發酵茶，沖泡烏龍茶最好用紫砂壺或蓋碗，且一定要用100℃的沸水進行沖泡。沖泡烏龍茶的投茶量比較大，基本上是所用壺或蓋碗的一半或更多，泡後加上蓋。沖泡烏龍茶時一旁要有煮水壺，水開了馬上沖，第一泡要倒掉。烏龍茶可沖泡多次，沖泡的時間由短到長，以2～5分鐘為宜。

　　中國福建、廣東兩省的人偏愛烏龍茶，尤其是閩南人、潮汕人，他們大多喜歡喝武夷岩茶、安溪鐵觀音等上品烏龍茶。沖泡烏龍茶時要選用乾淨的溪水、泉水，而且要使用配套的茶具，即「茶室四寶」——玉書煨（開水壺）、潮汕爐（火爐）、孟臣罐（茶壺）、若琛甌（茶杯）。使用這些茶具沖泡的烏龍茶，茶湯濃潤，回味悠長，滿口生香。

■ 黑茶泡茶技法

黑茶屬於後發酵茶，使用的原料相對比較粗老，主要有涇陽茯磚茶、湖南黑茶、四川邊茶、廣西六堡茶及雲南普洱茶等。

沖泡黑茶通常用蓋碗或紫砂壺。由於紫砂壺的吸附性比較強，可吸附茶中的粗老氣，所以用紫砂壺沖泡會更加適合。

黑茶分為緊壓茶和散茶。緊壓茶要用沸水沖泡，出湯時間為3～10秒，通常為單邊定點注水。

邊茶及茯磚可採用煮飲的方式，進而有效的將茶的營養成分煮出來。

■ 黃茶泡茶技法

黃茶的沖泡方法比較講究，建議使用透明玻璃杯或蓋碗沖泡，蒙頂黃芽建議採用玻璃杯中投法進行沖泡。在沖泡的時候，要提高水壺，讓水由高處向下沖，並將水壺上下反覆提舉三四次。

■ 花茶泡茶技法

沖泡花茶，以能保持茶葉香氣和顯示茶坯特質美為原則。

沖泡茶坯特別細嫩的花茶，如茉莉毛峰、茉莉銀毫等，宜用透明玻璃杯，可以透過玻璃杯壁觀察茶在水中上下舞動、沉浮，以及茶葉徐徐展開、復原葉形、滲出茶汁的過程。

沖泡一般中階花茶，不強調觀賞茶坯形態，可用白瓷蓋碗。此類花茶香氣芬芳，茶味醇厚，三泡仍有茶味，耐沖泡。

沖泡中低等級花茶或花茶末，一般使用白瓷茶壺進行沖泡。因壺中水多，故保溫效果比蓋碗好，有利於充分泡出茶味。

泡茶常識

■ 取茶方法有講究

　　為了保持茶葉的潔淨和乾燥，千萬不要直接用手從茶倉裡拿抓茶葉。

　　從茶倉裡取茶葉應使用茶則，右手持茶則，取出茶葉後將茶則轉到左手，再用茶匙協助，將茶葉撥至泡茶器具中。如果用壺口較小的茶壺泡茶，為了防止茶葉外落，可以在茶壺上放置茶漏。

取茶

■ 一般哪一泡茶湯的滋味較好

茶類不同，茶湯的表現也不相同。綠茶、黃茶、白茶以第一泡、第二泡茶湯滋味較好；烏龍茶、紅茶、黑茶一般第一泡用來潤茶，第二泡、第三泡茶湯滋味較佳。

■ 泡茶的四大要素

想要泡好一壺茶，要掌握好投茶量、泡茶水溫、沖泡時間和沖泡次數四大要素。

①投茶量：需根據人數的多寡、茶具的大小、茶的特性以及個人喜好和年齡確定茶葉用量。

②泡茶水溫：與茶的老嫩、鬆緊和大小有關。大致來說，原料粗老、緊實、整葉的茶葉比原料細嫩、鬆散、碎葉的茶葉茶汁浸出要慢，所以沖泡水溫要高。

③沖泡時間：與茶葉的老嫩和形態有關。細嫩的茶葉比粗老的茶葉沖泡時間要短；鬆散的、碎葉的茶葉比緊結的茶葉沖泡時間要短。根據每種茶葉的茶性以及個人喜好，泡茶時間有所不同，泡茶次數多了就會有經驗，多長時間出湯會有感覺。

④沖泡次數：與茶的種類和製作工藝有關。

■ 沖泡綠茶的要點

投茶量：150毫升水，3克茶。

泡茶水溫：80～85℃。

沖泡時間：第一泡約為40秒，每多一泡延長20秒。

沖泡次數：3次。

茶具：玻璃杯、玻璃壺。

方法：上投法、中投法和下投法。

白茶、黃茶的沖泡方法與綠茶類似。

■ 沖泡紅茶的要點

投茶量：150毫升水，3克茶。

泡茶水溫：90℃左右。

沖泡時間：第一泡約為40秒，每多一泡延長20秒。

沖泡次數：品質好的紅茶可沖泡四五次甚至七八次。

茶具：玻璃杯、茶壺、蓋碗。

方法：下投法。

■ 沖泡黑茶的注意事項

黑茶多為緊壓茶，沖泡前應解散成小片。沖泡黑茶時最好先用100℃的沸水潤茶，必要時可潤茶兩次。沖泡黑茶最好選用紫砂壺或者陶壺，普洱生茶可以沖泡8～10泡，普洱熟茶可以泡15泡左右，也可以煮飲。沖泡時間大致是先短後長，根據茶葉的年限和等級，沖泡時間也略有不同。每泡將茶湯倒出時，應盡量將茶湯控淨。

■ 沖泡花茶的注意事項

沖泡花茶一般選用玻璃杯或蓋碗。花茶是一種再加工茶，水溫應根據花茶茶坯來決定，沖泡茶坯為綠茶的茉莉花茶水溫在85℃左右，沖泡茶坯為紅茶的荔枝紅茶水溫在90℃左右。花茶不用潤茶，沖泡三四次為宜。

■ 泡茶時應注意的細節

泡茶看似容易，只要將茶葉置於壺內，注入熱水，稍等片刻，將茶湯瀝出，就完成了泡茶。然而，想泡出一壺好茶卻並不容易。只有鑽研茶的特質，靜心觀茶，才能泡好茶。泡茶過程中的諸多細節，均應靜心體會。

①水是茶之母，擇水是泡好茶的重要環節。各種礦泉水、純淨水、蒸餾水、自來水等需要對比，泡茶時選用最適合所泡之茶的水。

②煮水要掌握火候，水不宜久沸。

③依照茶的特點選配合適的茶具，不宜一種器具泡盡所有茶類。

④茶壺的選擇非常重要。需細心挑選出水流暢、壺蓋與壺身密合好的茶壺。

⑤保持壺具清潔是泡好茶的前提。向壺內沖水和向壺身澆水可達到洗滌、通透氣孔的作用。

⑥新壺與久置不用的茶壺需要格外小心使用，新壺需用沸水澆淋或試泡幾次；久置不用的茶壺再泡茶時需要清洗乾淨，避免串味而影響茶性。

⑦應根據飲茶人數的變化，及時增減茶杯。

⑧知茶性，識茶類，選用不同行茶法。

⑨在泡茶的過程中需要有環保意識，減少淋壺次數，節約飲用水，茶「最宜精行儉德之人」。

⑩泡完茶後要及時清洗茶具。常有人為了使茶湯充分浸潤茶壺而長時間讓茶湯在壺中存留，以致茶湯變味。

⑪濾網要勤沖洗，不混合使用。

⑫用蓋碗泡茶，泡茶時蓋碗溢出的水應該及時倒掉，出完茶湯應碗蓋半開，以免悶茶。

⑬冷卻後的茶具，使用前應先溫燙。

⑭沖泡出來的茶湯上泛起的泡沫應刮去。

刮沫

⑮如果沖泡出來的茶湯太濃，可以再泡一道淡的，倒入公道杯中，使濃淡相調和。

以上是泡茶時應注意的部分細節，在泡茶過程中多多思考總結，你會發現泡茶樂趣無窮。

五

「禮多人不怪」，泡茶品茶時更要守禮。茶桌座次的安排，泡茶、斟茶、敬茶等各個環節都有需要注意的禮節。

泡茶禮儀有講究

行為要恭敬

■ 茶桌座次有講究

　　泡茶者一般面對主人，主人的左手邊是尊位，按順時針方向旋轉，由尊到卑，直到主人的右手邊。不論茶桌的形式如何，都要遵循這個規律。尊位的客人一般是老年人和比自己年紀大的人。此外，師者為尊。如果年齡相差不大，女士優先。

■ 敬茶禮儀有講究

　　以茶待客時，由家中的晚輩為客人敬茶。接待重要客人的時候，應由主人為客人敬茶。敬茶時，應雙手端著茶盤，將茶盤放在靠近客人的茶几或備用桌上，然後雙手捧上茶杯。如果客人在說話沒有注意到，可輕聲說：「請您用茶。」對方向自己道謝，要回答：「不客氣。」如果自己打擾到客人，應說：「對不起。」為客人敬茶時，一定要注意盡量不用一隻手，尤其是不要只用左手。同時，雙手奉茶時，切勿將手指搭在茶杯杯口上，或是將手指浸入茶湯。

■ 敬茶順序有講究

　　客人較多時，敬茶的順序應是：先客人，後主人；先主賓，後次賓；先長輩，後晚輩；先女士，後男士。

　　如果客人很多且客人彼此之間差別不大，可按照以下三種順序敬茶：

①以敬茶者為起點，由近而遠依次敬茶；

②以進入飲茶房間的門為起點，按順時針方向依次敬茶；

③按客人到來的先後順序敬茶。

■ 「敬茶七分滿」的講究

「敬茶七分滿」表示對客人尊重。因為茶湯的溫度往往很高，比如沖泡烏龍茶需要用95℃以上的沸水，普洱茶或者老白茶有時還需要煮茶，如果倒茶過滿，客人拿杯品飲的時候容易灑，也容易被燙，所以茶應倒七分滿。此外還有一層寓意：這一小杯茶湯就像我們的人生一樣，不要填得太滿，要留三分空白以作回味。

敬茶

■ 壺嘴方向有講究

泡茶的茶壺壺嘴不能正對著人。首先，泡茶的水溫很高，壺嘴會冒出蒸汽，容易燙人。其次，壺嘴諧音為「虎嘴」，壺嘴對人在古代被認為是忌諱。

■ 端茶禮儀有講究

一般情況下應雙手端茶盤和茶杯。端茶盤時，應左手托著茶盤底部，右手扶著茶盤的邊緣。持拿有杯耳的茶杯，通常是用一隻手抓住杯耳，另一隻手托住杯底，把茶端給客人。端茶的時候，手指不能碰到茶湯。

上茶時應以右手端茶，從客人的右方奉上，並面帶微笑，眼睛注視對方。如場地有限制，可從客人左後側敬茶，盡量不要從客人正前方上茶。

有兩位以上的客人時，用茶盤端出的茶湯要均勻。如有茶點，應放在客人的右前方，茶杯應擺在點心右邊。

如果茶杯下有杯墊，要雙手把杯墊推到客人面前。

■ 茶杯裡添水有講究

替茶杯中添水要及時，杯中茶湯剩一半左右，即應該添水。如果是有蓋的杯子，應站在客人右後側，用左手持容器添水，右手持杯側對客人，添完水再將茶杯擺放回原位。

在為客人添水斟茶時，不要妨礙到對方，茶杯應遠離客人的身體、座位和桌子。

儀表與舉止要得體

■ 茶藝人員儀容儀表有講究

著裝需得體：①顏色淡雅，與品茗環境、季節相匹配；②乾淨、整潔、無汗漬；③以中式為主，袖口不宜過寬。

髮型應整齊：①頭髮應梳洗乾淨；②髮型適合自己的臉型、氣質；③短髮低頭時不要擋住視線，長髮泡茶時要束起。

著裝得體，舉止優雅

手型要優美：①手要保持清潔、乾淨；②平時注意手的保養，保持手的柔嫩、纖細；③手上不要佩戴飾物，不塗顏色鮮豔的指甲油；④經常修剪指甲，指甲縫裡乾淨。

面容潔淨姣好：①可化淡妝，但不宜過濃；②平時注意面部護理、保養；③泡茶時面部表情要平和、輕鬆。

■ 茶藝人員舉止有講究

舉止是指人的動作和表情，是一種無聲的「語言」，能夠反映一個人的素質、受教育的程度及能夠被人信任的程度。茶藝人員必須要有優雅的舉止，具體應為：

①舉止大方、文靜、得體；

②泡茶動作協調，有韻律感；

③泡茶的動作與客人的交談相融合。

■ 茶藝人員泡茶體態有講究

泡茶時，茶藝人員應頭正肩平，挺胸收腹，雙腿併攏。雙手不操作時，應五指併攏平放在工作臺上，嘴微閉，自始至終面帶微笑。

■ 茶藝人員站姿有講究

茶藝人員的正確站姿：直立站好，頭正肩平，腳跟併攏，腳尖分開45°～60°，抬頭挺胸，收腹，雙手自然交叉，目光平視，面帶微笑。

■ 茶藝人員走姿有講究

　　茶藝人員的正確走姿：步履輕盈，姿態優美，步速不要過急，步幅不要過大，否則會給人忙亂之感；頭正肩平，平視前方，面帶微笑。

平視前方，面帶微笑

　　選擇適合所泡茶的水和茶具，取適量茶葉，把握好泡茶水溫、沖泡時間和沖泡次數，用水沖泡茶葉，浸泡出茶葉的香氣和滋味，這個過程就是泡茶。泡茶看似簡單，但其實十分講究。泡茶時，要考量飲茶者、茶具、季節和茶類，隨機應變，這樣才能真正泡出一壺好茶。

隨機應變
泡好茶

看人泡茶

　　泡茶，既要熟知茶性，又要尊重人性。茶雖然有益健康，但也要看人泡茶。每個喝茶人的喝茶目的不同，偏愛的口味濃淡不同，喝茶的量也不同，看人泡茶是一種對人細緻入微的關懷。

■ 根據年齡層泡茶

　　人在不同的年齡層，承受能力是不一樣的，不論是對茶中營養成分的吸收，還是對茶的反應，都存在差異，所以什麼年齡層喝什麼茶也是有講究的。根據年齡，選一款適合的茶顯得尤為重要。

　　少年時期：這一時期，身體正在發育，對日常的飲食會比較敏感，各個器官的吸收、承受能力較弱。此階段不宜喝太過刺激的茶類，宜泡一些溫補的茶。一些存放多年的茶，茶性溫和，內含物質豐富，對人體有滋補的功效。如老白茶，可以增強身體抵抗力，對身體健康有很多好處。少年時期喝茶宜選清淡茶品，減少投茶量，可以在上午和下午適當的喝，晚上要少喝。

　　青壯年時期：這一時期，人的身體健壯，精力旺盛，身體抵抗力強，不論學習還是工作都屬於上升期，可選擇綠茶、白茶、烏龍茶和黑茶。如果工作需長時間面對電腦，可以泡綠茶，既能降低電腦輻射的影響，又能提神；如果應酬較多，喝白茶是不錯的選擇，白茶可以醒酒、助消化、養護肝臟。

中年時期：這一時期，人的各項身體機能都在逐漸下降，易出現腸胃不適、肝腎等器官功能衰退的現象。此階段適合喝普洱茶、六堡茶和壽眉等老茶，這些老茶有很好的排毒功效，有清除體內毒素的作用。

老年時期：這一時期，人的身體承受能力較差，身體會自動開始減少排毒，應加強對心腦血管以及骨骼的養護，最適合喝紅茶和老白茶。此階段飲茶宜淡，晚飯後可以適當喝些。

■ 根據體質泡茶

茶經過不同的製作工藝，有涼性、中性和溫性之分，一般綠茶、白茶、清香型鐵觀音等屬於涼性茶，烏龍茶屬於中性茶，紅茶、普洱茶等屬於溫性茶。

中醫認為人的體質有熱寒之分，體質不同的人飲茶也有講究。一般燥熱體質者，應喝涼性茶；虛寒體質者，應喝溫性茶。具體來說，有抽菸喝酒習慣、體型較胖、容易上火的人，應喝涼性茶；而腸胃虛寒、吃生冷食物容易拉肚子、體質較弱的人，應喝中性茶或溫性茶。

■ 根據身體狀況泡茶

看人泡茶時，應考慮飲茶者的身體健康狀況，根據他們的身體條件來決定泡哪種茶。

冠心病患者：心跳過緩或房室傳導阻滯的冠心病患者，可適當飲茶，宜泡普洱茶、烏龍茶和紅茶等偏濃的茶類，會有提高心率的作用；心跳過速的冠心病患者，宜少飲或不飲茶，少飲宜選擇淡茶或無咖啡因的茶。

　　脾胃虛寒者：宜飲性溫暖胃的紅茶或普洱茶。有嚴重胃病或胃潰瘍者，不宜飲性寒的綠茶。

　　肥胖症患者：飲各種茶都有一定的減肥功效，但不同茶類效果有區別，降脂減肥效果較好的茶是烏龍茶、沱茶、普洱茶等。

　　處於特殊「三期」（經期、孕期、產期）者：不宜飲茶或少飲茶，少飲宜選擇無咖啡因的茶。

看具泡茶

　　茶具造型各異，精美別緻，是品茶時不可或缺的一部分。根據茶類選擇茶具，可以更加襯托茶的色澤、形態等，不僅可以帶給人視覺上的享受，還能讓品茶變得更有情趣。

■ 透明玻璃杯

　　透明無花紋的玻璃杯適合泡綠茶。這種茶具簡潔透明，可以更能觀賞芽葉在水中舒展的過程以及茶的形態和色澤。

■ 青瓷茶具

　　青瓷茶具適合泡紅茶。紅色與青色搭配產生的視覺衝擊力很強，且瓷器導熱性、保溫性適中，無吸水性，泡茶可獲得較好的色、香、味。

透明玻璃杯

■ 紫砂茶具

　　紫砂茶具適合泡烏龍茶，能夠襯茶色，聚茶香。紫砂壺有較好的保溫功能，可讓茶的香氣不易散失。

■ 黑瓷茶具

內壁施黑釉的黑瓷茶具適合泡白茶，可以襯托出茶的白毫。

■ 白瓷蓋碗

白瓷蓋碗適合泡黑茶，可調節茶的香氣和滋味。紫砂杯、白瓷杯、如意杯和飄逸杯等也適合泡黑茶。

白瓷蓋碗

■ 黃釉蓋碗

黃釉蓋碗適合泡黃茶，兩者搭配是尊貴、奢華的象徵。如果想簡約一些，可用奶白瓷或以黃、橙為主色的五彩瓷壺、瓷杯、蓋碗等泡黃茶。

■ 青花蓋碗

青花蓋碗最適合泡花茶，可使香氣聚攏，極佳的體現出花茶的品質。除了青花蓋碗，粉彩蓋碗也適合泡花茶。

看季泡茶

　　人們習慣根據茶葉的特性，按季節選擇不同種類的茶，以益於健康。一般情況下，春季適合飲花茶、黃茶，夏季適合飲綠茶、白茶，秋季適合飲烏龍茶，冬季適合飲紅茶、普洱茶。

■ 春季適合飲用花茶

　　春天萬物復甦，此時宜喝茉莉、珠蘭、玉蘭、桂花、玫瑰等花茶。因為這類茶香氣濃烈，香而不浮，爽而不濁，可幫助散發冬天積在體內的寒氣，同時濃郁的茶香還能促進人體陽氣生發，令人精神振奮，進而有效消除春困，提高工作效率。

■ 夏季適合飲用綠茶

　　夏天驕陽似火，溽暑蒸人，人體津液消耗大，此時宜飲西湖龍井、黃山毛峰、碧螺春、珠茶、珍眉、大方等綠茶。這類茶綠葉綠湯，清鮮爽口，可消暑解熱，去火降燥，止渴生津，且綠茶滋味甘香，富含維生素、胺基酸、礦物質等營養成分。所以，夏季常飲綠茶，既可消暑解熱，又能補充營養素。

茉莉花茶

■ 秋季適合飲用烏龍茶

秋天「燥氣當令」，常使人口乾舌燥，此時宜飲安溪鐵觀音、閩北水仙、鐵羅漢、大紅袍等烏龍茶。這類茶介於紅茶和綠茶之間，不熱不寒，常飲能生津潤喉，清除體內餘熱，因此對金秋保健大有好處。

■ 冬季適合飲用紅茶

冬季最適合飲用紅茶，因為紅茶味甘性溫，能夠生熱暖腹，增強人體對寒冷的抗禦能力。同時，飲用紅茶還可去油膩，助消化，助養生。

祁門紅茶

看茶泡茶

泡茶前需要先了解茶。有些茶本身味足有力，不宜泡太久；有些茶卻需要多泡一會兒才能出真味。除了茶葉本身的原因，投茶量、茶具和沖泡技法也有很大的關係。

■ 泡綠茶

沖泡綠茶的注意事項

1. 泡茶水溫

沖泡綠茶對水溫的要求相對較高，尤其是細嫩的高級綠茶，水溫一般控制在75～85℃。水溫過低，綠茶的香氣、滋味達不到最佳效果；水溫過高，則容易造成茶湯苦澀，營養成分大量流失。

2. 茶水比

一般情況下，杯泡時茶與水的比例是1：50，也可以根據茶葉的品質、品飲者的口味等，適當增減投茶量。平時沖泡綠茶時，茶湯不宜太濃，每杯茶放3克左右的茶葉即可。如果泡出的茶湯太濃，會對人體胃液的分泌產生影響，也有可能讓高血壓和心臟病患者的病情加重。

3. 綠茶只適合沖泡三次

據測定，綠茶第一次沖泡時，可溶性物質浸出50%～60%，其中胺基酸浸出80%，咖啡因浸出70%，茶多酚浸出45%，可溶性糖浸出低於40%；第二次沖泡時，可溶性物質浸出30%左右；第三次沖泡時，可溶性物質浸出10%左右；第四次沖泡時，浸出物所剩無幾。

4. 綠茶不潤茶

不是所有茶沖泡前都適合潤茶，比如綠茶。綠茶的製作工藝簡單，芽葉都比較細嫩，即使潤茶時快速倒掉水，茶中的營養物質也會因浸出於被倒掉的水中而流失，這是極大的浪費。

綠茶蓋碗沖泡法

茶具：蓋碗、水方、公道杯、茶杯、茶倉（內裝茶葉，下同）、茶荷、茶匙、茶巾、煮水壺

水溫：75℃

投茶方法：下投法

步驟：

①按泡茶步驟適當的將茶具擺放好。

2　溫熱蓋碗

3　置茶

4　沖水泡茶

6　揭蓋聞香

②用熱水將蓋碗溫熱。

③根據蓋碗的大小，按照茶水比1：50～1：30的比例置茶。

④沖入沸水，浸泡1分鐘。

⑤將蓋碗中的茶湯倒入公道杯。

⑥揭蓋聞香。

⑦分茶入茶杯飲用。

綠茶玻璃杯沖泡法

茶具：玻璃杯、水方、茶荷、茶匙、茶倉、茶巾、煮水壺

水溫：75～80℃

投茶方法：下投法

步驟：

①擺放茶具。

2　溫杯

3　置茶

4　浸潤茶葉

5　沖水

127

②溫杯。倒入1/3杯沸水，轉動玻璃杯溫燙後倒掉水。

③置茶。用茶匙將茶荷中的茶撥入玻璃杯中。

④倒入1/3杯沸水，浸潤茶葉。

⑤稍停，高沖水至七分滿。

⑥奉茶。

綠茶簡易沖泡法

茶具：飄逸杯、茶杯、茶倉、煮水壺、茶匙、茶巾

水溫：80℃左右

步驟：

①用熱水將飄逸杯溫熱。

②將茶葉置於內杯。

③沖入熱水並蓋上杯蓋。

④將茶葉浸泡2分鐘後按下出水按鈕，使茶湯流入外杯。

⑤將茶湯倒入茶杯，分給大家品飲。

■ 泡紅茶

沖泡紅茶的注意事項

1. 茶水比

用壺沖泡紅茶時，最少的投茶量應為5克。如果茶葉太少，即使少沖水也無法充分激發出紅茶的香醇味。

茶與水的比例，也要因人而異。如果飲茶者比較重口，可以適當加大投茶量，泡一壺濃茶；如果是平常喝茶較少的人，可適當少放些茶葉，泡上一壺清香醇和的茶。

2. 泡茶水溫

為使口感更好，紅茶一般使用80～85℃的熱水來沖泡。沖泡茶葉的水一定要先煮沸，然後等水冷卻到所需要的溫度。沖水後要馬上加蓋，以保持紅茶的芬芳。泡茶水溫與茶葉的品質也有一定的關係，如果紅茶品質比較好，那麼水溫高也不會影響茶葉沖泡後的口感及耐泡度。

3. 悶泡時間

大多數紅茶不用悶泡。因為大多數紅茶的發酵時間長，茶湯很快就能出味，一悶反而澀。好的紅茶在十泡之後，悶泡1分鐘，還能喝到紅茶的韻味。

4. 沖泡次數

紅茶第一次沖泡時，茶中的可溶性物質能浸出50%～55%；第二次沖泡時，能浸出30%左右；第三次沖泡時，能浸出約10%；第四次沖泡時，浸出物已經很少。所以一般條形的工夫紅茶，最好只沖泡兩三次。紅碎茶由於在加工時經過充分揉捻，只沖泡一次，就能使營養物質充分浸泡出來。

5. 出湯時間

紅茶一般要求快出湯，出湯時間為1～5秒。如果想口感強烈一點，可浸泡時間長一點。

紅茶瓷壺沖泡法

茶具：瓷壺、公道杯、茶杯、水方、煮水壺、茶匙、茶巾、茶倉

水溫：90℃

步驟：

①溫具。將沸水注入壺中，輕搖數下，再依次將水倒入公道杯、茶杯中，以清潔、溫燙茶具。

②置茶。根據壺的大小，按每60毫升水1克乾茶（紅碎茶每70～80毫升水1克茶）的比例，將茶葉放入茶壺。

③沖泡。將沸水沖入壺中。

④分茶。靜置2分鐘後，將茶湯倒入公道杯，再從公道杯倒入茶杯中。

⑤品茶。欣賞完茶湯鮮紅明亮的顏色後，品嚐茶湯。

1 溫具　　　　2 置茶

3 沖泡　　　　4 分茶

袋泡紅茶簡易沖泡法

茶具：白色有柄瓷杯、茶碟、煮水壺、茶巾、水方

茶包：1個

水溫：90℃

步驟：

①溫杯。將沸水沖入杯中，清潔茶具並溫杯。

②置茶。在杯中放入1包袋泡紅茶。

③沖水。高沖水入茶杯，然後將茶碟蓋在茶杯上，浸泡1分鐘後，將茶包在茶湯中來回晃動數次。

④品茶。將茶包提出，品嚐茶湯。

奶茶沖泡方法

沖泡奶茶應選用味道濃郁強勁的紅茶，如印度的阿薩姆紅茶、斯里蘭卡的錫蘭紅茶、非洲的肯亞紅茶、英國的伯爵茶等。

茶具：有柄帶托的茶杯、茶倉、濾網、煮水壺、湯匙

材料：CTC紅茶、牛奶、糖或蜂蜜

水溫：90℃

步驟：

①溫杯。將沸水注入壺中，持壺搖數下，再將水倒入杯中，以清潔茶具。

②置茶。用茶匙從茶倉中撥取適量茶葉入壺，根據壺的大小，每60毫升水需要1克乾茶。

③沖泡。將沸水高沖入壺。

④分茶。靜置3～5分鐘後，提起茶壺，輕輕搖晃，使茶湯濃度均勻。經濾網傾茶入杯，隨即加入牛奶和糖。調味品用量的多少，可依每位賓客的口味而定。

⑤品飲。品飲時，需用湯匙調勻茶湯，進而聞香、品茶。

泡好紅茶

加入牛奶

　　奶茶的另外一種製作方法是熬煮法。準備一個熬煮奶茶的鍋，放入3/4的牛奶、1/4的水（可根據每人的口味變化），再按鍋的容量放入紅茶包一起熬煮，大概20分鐘左右，香氣撲鼻的奶茶就做好了，之後再根據個人的口味添加糖、蜂蜜、煉乳等。

檸檬紅茶沖泡法

茶具：有柄帶托的瓷杯、煮水壺、湯匙

材料：紅茶包1個、檸檬1片、蜂蜜適量

水溫：90℃

步驟：

①溫杯。將沸水注入杯中，清潔、溫燙茶具。

②置茶。將紅茶包放入茶杯。

③沖泡。將熱水沖入茶杯至七分滿。

④分茶。靜置3～5分鐘，輕晃茶包後將茶包提出，加入檸檬和適量蜂蜜。

⑤品飲。用湯匙調勻茶湯後品嚐。

■ 泡烏龍茶

沖泡烏龍茶的注意事項

1. 投茶量

如果是100毫升的蓋碗，投茶量為兩三克。這樣不僅可以品嚐到茶葉的原味，還能讓營養物質充分浸泡出來。

2. 泡茶水溫

沖泡烏龍茶時，通常情況下最佳的水溫以初開全沸水為宜。

3. 沖泡時間

沖泡烏龍茶，時間不宜太長，最好控制在兩三分鐘。如果泡的時間過長，茶湯口感會十分苦澀，甚至可能將茶中不好的物質，如農藥殘留浸泡出來；如果泡的時間過短，茶湯會顯得淡薄。

4. 二次斟茶

通常情況下，泡烏龍茶需二次斟茶。在第二次斟茶的時候同樣要用沸水燙杯。

烏龍茶紫砂壺沖泡法

茶具：茶船、紫砂壺、公道杯、聞香杯、濾網、品茗杯、茶巾、茶匙、茶倉、煮水壺

泡茶水溫：90～100℃

步驟：

①溫具。將沸水倒入茶壺，再倒入公道杯，之後倒出。

②置茶。用茶匙將茶撥入茶壺。

③潤茶。將沸水注入壺中，再將壺中的潤茶水倒入公道杯。

④沖泡。用熱水沖泡茶葉，為正泡第一泡。

⑤分茶。將泡好的茶先倒入公道杯，再倒入聞香杯，之後倒入品茗杯。

⑥品飲。先聞杯中香氣，再品飲，一杯茶分三口喝，細細體味茶的美。

1 溫具　　　　　　　　　　　　2 置茶

3 潤茶　　　　　　　　　　　　4 沖泡

5 分茶　　　　　　　　　　　　6 品飲

烏龍茶蓋碗沖泡法

茶具：茶船、蓋碗、公道杯、濾網、品茗杯、茶巾、茶匙、茶夾、煮水壺、茶倉

水溫：95～100℃

步驟：

①溫具。將蓋碗溫熱，溫蓋碗的水再溫品茗杯。

②置茶。將備好的茶放入蓋碗，投茶量為蓋碗容量的1/3。

③潤茶。將沸水沖入蓋碗，然後立即將水倒入公道杯。

④沖泡。以高沖的方式將水注入蓋碗，之後蓋上蓋子。

⑤分茶。經濾網將濃淡適度的茶湯倒入公道杯，再倒入品茗杯。

⑥品飲。細細體味茶湯的香醇。

■ 泡黑茶

沖泡黑茶的注意事項

1. 茶具選用

沖泡黑茶，茶具並不太講究，一般的紫砂壺或紫砂杯即可，也可用沖泡黑茶專用的如意杯或飄逸杯沖泡，還可用茶壺煮著喝。黑茶沖泡過濾後用玻璃杯飲用，可觀賞漂亮的湯色。

2. 泡茶水溫

製作黑茶的茶葉比較粗老，而且經過了長時間的發酵，想要把黑茶中的營養成分沖泡出來，水溫必須較高，一般要控制在100℃。磚茶要在火上連續煮著喝才能品出味道來。

3. 沖泡要領

黑茶分為散茶和緊壓茶，散茶直接放入杯中，緊壓茶要先把成塊

的茶葉打碎後再放入茶杯。將大約15克黑茶投入杯中，按1：40的茶水比用100℃的沸水沖泡。較嫩的茶應多透少悶，粗老茶則應多悶少透。粗老茶也可煮飲。泡茶時，不要攪拌茶葉，這樣會使茶湯渾濁。由於黑茶口味較重，如不太適應，可根據個人喜好在茶湯中添加牛奶、蜂蜜、白糖、紅糖等。

普洱熟茶陶壺沖泡法

茶具：茶刀、茶荷、壺承、陶壺、公道杯、濾網、茶杯、茶巾、茶匙、茶倉、煮水壺

茶葉：解散的普洱熟茶5～8克（提前解散，將茶放置一段時間）

水溫：95～100℃

步驟：

①溫具。將壺溫熱，溫壺的水再溫公道杯、茶杯。

②置茶。將備好的茶置入壺中。

③潤茶。將沸水沖入壺中，再迅速將水倒掉。

④沖泡。沖入沸水。

⑤出湯。快速將泡好的茶湯倒入公道杯。

⑥分茶。將公道杯中的茶倒入茶杯。

⑦品茶。

注意：因普洱熟茶茶湯浸出快，因此前幾泡出湯一定要快，否則茶湯會過濃。初試普洱熟茶的人，茶湯可以淡一些，之後可以慢慢嘗試略濃一些的茶湯。

1　溫具　　　　　　　　2　置茶

3　潤茶、4　沖泡　　　　5　出湯

6　分茶　　　　　　　　7　品茶

普洱生茶蓋碗沖泡法

　　茶具：茶刀、茶荷、茶船、蓋碗、公道杯、濾網、茶杯、茶巾、茶匙、茶倉、煮水壺

　　茶葉：解散的普洱生茶5～8克

　　水溫：95～100℃

步驟：

①溫具。將蓋碗溫熱，溫蓋碗的水再溫公道杯、茶杯。

②置茶。將茶荷中的茶撥入蓋碗中。

③潤茶。使水流順著碗沿打圈沖入蓋碗至滿，右手提碗蓋刮去浮沫後迅速加蓋倒出水。

④沖泡。使水流順著碗沿打圈沖入蓋碗中，用碗蓋刮去碗口的泡沫。

⑤出湯。將泡好的茶湯倒入公道杯中。

⑥分茶。將茶倒入茶杯。

⑦品飲。

■ 泡白茶

沖泡白茶的注意事項

白茶屬於微發酵茶，沖泡時需要更長的受水時間才能浸出內含物質。這樣泡出來的茶湯滋味更甘醇，口感更飽滿。

1. 茶具選用

沖泡白茶，建議選用透明無色的玻璃杯。先用溫水洗杯，清潔的同時亦有溫杯的作用。

2. 茶水比

根據玻璃杯的大小，按1：50的比例取白茶放入杯中。一般玻璃杯投放兩三克茶葉即可。

3. 潤茶

在茶杯裡倒入少許溫水，水量以沒過茶葉為宜。稍轉動玻璃杯，讓茶葉充分吸水，再快速倒出茶湯。

4. 泡茶水溫

沿杯壁輕緩注入85℃左右的水，至杯子的七八分滿即可。

品飲白茶茶湯前，可先觀賞茶湯色澤、茶芽舒展的優美姿態，並嗅聞濃郁的茶香。

白茶玻璃杯沖泡法

茶具：玻璃杯、茶倉、水方、茶匙、茶巾、煮水壺

水溫：85℃

步驟：

①溫具。將沸水注入杯中，旋轉杯身，使杯身均勻預熱，再將溫杯的水倒入水方中。

②置茶。用茶匙將茶葉撥入玻璃杯中。

③浸潤茶葉。沖入1/3杯熱水，讓杯中的茶葉浸潤10秒鐘左右。

④沖泡。用高沖法沖入熱水至杯的七分滿。

⑤品飲。

杯泡白茶

煮飲老白茶

茶具：煮茶爐、茶壺、公道杯、茶杯、茶匙、茶荷

茶葉：老白茶10克左右

步驟：

①置茶。將準備好的老白茶放入茶壺內。

②潤茶。向壺中注入沸水，之後將水倒出。

③沖泡。向壺中注入適量沸水，放在爐上熬煮。時間長短可以根據自己的口味而定，時間長茶湯濃些，時間短則茶湯淡些。

④分茶。將煮好的茶湯倒入公道杯中，然後分別斟倒在茶杯中。

■ 泡黃茶

黃茶的沖泡方法

黃茶的沖泡方法有兩種，即傳統方法和簡易方法。

1. 傳統黃茶沖泡方法

用透明玻璃杯或蓋碗沖泡黃茶。首先用溫水清洗茶具，之後按照1：50的茶水比，量取適量黃茶，放到茶杯中。在茶杯中倒入少許85～90℃的熱水，以沒過茶葉為宜，浸潤一下茶葉。然後繼續在茶杯裡注入85～90℃的熱水，至杯子的七八分滿。浸泡大約30秒即可品飲。

2. 簡易黃茶沖泡方法

用茶壺沖泡黃茶。取5～8克黃茶放到茶壺裡，加入少許85～90℃的熱水，浸泡大約30秒。然後再注入適量熱水，悶泡大約120秒即可飲用。飲用後留1/3茶壺的水量，續水進行第二泡。

黃茶玻璃杯沖泡法

茶具：玻璃杯、水方、茶巾、茶匙、煮水壺

泡黃茶

茶葉：3～5克

水溫：85～90℃

投茶方法：中投法

步驟：

①溫杯。用少許熱水溫熱茶杯。

②置茶。注入熱水至1/3杯，隨後用茶匙將茶葉徐徐撥入杯中。

③沖水至杯的七分滿。

④品茶。

沖泡黃茶的注意事項

第一，沖泡黃茶時，應注意控制投茶量，避免沖泡出來的茶湯過濃或過淡。第二，需要用85～90℃的水沖泡，才能更容易喚醒黃茶的茶性。

■ 泡花茶

沖泡花茶的注意事項

1. 擇具選水

沖泡花茶，最適合使用陶器或瓷器，也可以使用玻璃杯。沖泡花茶的水一定要選擇水質較好的礦泉水或純淨水，不能用雜質含量較高的自來水，不然會影響茶湯的滋味。

2. 茶水比

花茶有單一材料沖泡和混合材料沖泡兩種沖泡方式。在投茶量上，若是單一的花茶材料，一般投茶量為5～10克，用500毫升的沸水來沖泡；若是混合的花茶，每一種材料取兩三克，用500毫升的沸水來沖泡。

3. 第一泡的茶湯不喝

沖泡花茶時，第一泡的茶湯不喝。把花茶放入茶杯後，沖入沸水30秒左右直接把茶湯倒掉，這樣既能溫潤茶葉，又能把花茶表面的汙垢洗掉，能讓花茶的香氣、色澤與滋味達到最好的狀態。

4. 先沖後泡

先沖後泡的沖泡方法，是將花茶材料放入壺中，倒入沸水，待花茶沖開，悶3～5分鐘，再添加其他調味料。

花茶簡易沖泡法

茶具：飄逸杯、茶荷、水方、茶匙、茶巾、煮水壺

茶葉：3～5克

水溫：90℃

步驟：

①溫杯。將熱水倒入杯中，旋轉一圈後將水倒掉。

②置茶。將茶葉撥至飄逸杯中。

③沖水。將內膽沖滿水。

④品飲。一兩分鐘後將茶湯濾出，即可飲用。

花茶瓷壺沖泡法

茶具：瓷壺、茶杯、水方、茶荷、茶匙、茶巾、煮水壺

水溫：85～90℃

茶葉：5～10克

步驟：

①溫具。溫熱茶壺，再將溫壺的水倒入茶杯中進行溫杯。

②置茶。將準備好的茶葉撥入壺中。

③沖泡。將熱水倒入壺中，浸泡2分鐘左右。

④品飲。

花茶蓋碗沖泡法

茶具：蓋碗、水方、茶荷、茶巾、茶匙、煮水壺

茶葉：6克

水溫：85℃

步驟：

①溫具。將熱水注入蓋碗約1/3。

②置茶。將茶荷中的茶葉撥入蓋碗中。

③潤茶。將熱水注入蓋碗的1/3，浸潤茶葉，之後迅速倒掉水。

④沖泡。

⑤品飲。將碗蓋掀起聞香，再欣賞湯色，之後慢慢品茶。

泡花茶

品茶需有好天氣，有解風情、懂風雅的朋友，還要有潔淨的器具、甘美的泉水和清風修竹。更重要的是，要懂得如何品鑑茶的美。

品茶鑑茶有講究

■ 喝茶、飲茶與品茶

喝茶是為了解渴，渴了可以大碗喝茶，不必拘泥於形式。

飲茶則不同，當有閒暇時間，邀約幾位知己細品慢飲，品茶賞藝，最為愜意，最利於養生和增進感情。

品茶，茶分三口為品，小抿一口，平心靜氣，全身心體會茶湯的甘美。茶在口中迴旋，細品出茶的苦、甜、澀，於品茶之中感悟生命。

三者間由物質到精神，逐層遞進深入。

■ 品茶需具備的四要素

①雅緻的環境。或在家中獨闢茶室，或占家中客廳、飄窗處一個區域，或在中式、西式或日式的茶館中。品茶時可以聽音樂、撫琴、焚香、賞畫等。

②精美的茶具。可以根據自己的喜好來準備茶具，可以根據茶室的整體風格來選用茶具，也可以根據所泡的茶葉來搭配茶具。

③上好的茶葉。茶葉貴在適口，一般在信譽好的茶店購買的茶葉較有保障。可根據季節或者自己的喜好來選擇適合自己的茶葉。

④適合的方法。每類茶都有不同的沖泡方法，選好茶葉，選對茶具，接下來就是要選擇適合的沖泡方法。

■ 品綠茶

綠茶目前是中國產銷量最高的茶類，也是廣大民眾最喜歡的茶類。綠茶品種繁多，產地不同，形態各異，單是那些奇妙動聽的名

字，就足夠令人浮想聯翩。

品飲名優綠茶，沖泡前，可先欣賞乾茶的色、香、形。名優綠茶的造型因品種而異，或條狀，或扁平，或螺旋形，或針狀；其色澤，或碧綠，或深綠，或黃綠，或白裡透綠；其香氣，或奶油香，或板栗香，或清香。

沖泡時，倘若使用透明玻璃杯，則可觀察茶在水中緩慢舒展，游弋沉浮，這種富於變幻的動態，被稱為「茶舞」。

沖泡後，先端杯聞香，此時，茶水面上升的霧氣中夾雜著縷縷茶香，使人心曠神怡。接著觀察茶湯顏色，或黃綠青碧，或淡綠微黃，或乳白微綠，隔杯對著陽光欣賞茶湯，還可見到微細毫在水中閃閃發光，這是細嫩名優綠茶的一大特色。最後端杯小口品飲，緩慢吞嚥，讓茶湯與味蕾充分接觸，則可領略到名優綠茶的風味；若舌和鼻並用，還可從茶湯中聞到嫩茶香氣，有沁人肺腑之感。品嚐頭泡茶，重在品嚐名優綠茶的鮮味和茶香。品嚐第二泡茶，重在品嚐茶的回味和甘醇。等到第三泡茶，一般茶味已淡，也無更多要求。

茶舞

沖泡綠茶大都使用透明玻璃杯，以便觀察茶在水中緩慢舒展的一系列變化，如茶在水中起舞，故稱為「茶舞」。

沖泡綠茶一般不加蓋，倒入熱水之後，茶葉徐徐下沉，有的直線下沉，有的緩緩下降，有的上下沉浮之後再降到杯底。水霧伴茶香，聞後令人心曠神怡。茶湯顏色以綠為主，以黃為輔，還可看到湯中有細細絨毛。

毫渾

喜歡喝綠茶的人一定知道，碧螺春、信陽毛尖等茶沖泡後茶湯會有一些微渾，細看會發現有無數細小的茶毫懸浮在茶湯中，這種微渾稱為「毫渾」。

有些綠茶品質越好茶毫越多，這證明了原料的細嫩。但不是所有的綠茶都有毫渾。平時應多學習茶葉的相關知識，否則很容易產生誤解，認為綠茶渾濁才是好茶。

毫渾

■ 品紅茶

近幾年隨著金駿眉的熱銷，帶動了整個紅茶市場，喜歡喝紅茶的人也越來越多。

紅茶的特徵是湯色紅豔明亮，香氣是濃郁的花果香或焦糖香，入口的滋味則是醇厚中略帶澀味。

品飲紅茶，將茶湯含在口中，像含著鮮花一樣，細細品味茶湯的滋味，吞下去時還要注意感受茶湯過喉時是否爽滑。

紅茶的「金圈」

高級紅茶在沖泡之後湯色紅豔，白色的茶杯與茶湯接觸處會有一圈金黃色的光圈，就是我們俗稱的「金圈」。這也就是為什麼沖泡紅茶最好要用白瓷茶具。

形成紅茶茶湯邊緣「金圈」的主要物質是茶黃素，它對紅茶的色、香、味有著極為重要的作用。一般說來，「金圈」越厚、越亮，證明紅茶品質越好。

紅茶的「金圈」

■ 品烏龍茶

品飲烏龍茶時，用右手拇指、食指捏住杯沿，中指托住茶杯底部，雅稱「三龍護鼎」，手心朝內，手背向外，緩緩提起茶杯，先觀湯色，再聞其香，後品其味，一般是三口見底。飲畢，再聞杯底餘香。

沖泡烏龍茶要用小壺高溫沖泡，品杯則小如胡桃。每壺泡好的茶湯，剛好夠三個茶友一人一杯，要繼續品飲，需繼續沖泡，這樣每一杯茶湯在品飲時都是燙口的。品飲烏龍茶因杯小、香濃、湯熱，故飲後杯中仍有餘香，這是一種更深沉、更濃烈的香韻。

品飲臺灣烏龍茶時，略有不同。泡好的茶湯首先倒入聞香杯，品飲時，要先將聞香杯中的茶湯旋轉倒入品茗杯，嗅聞杯中的熱香，再端杯觀湯色，接著即可小口啜飲，三口飲畢。之後再持聞香杯聞杯底冷香，留香越久，表示烏龍茶的品質越佳。

品飲烏龍茶時，很講究舌品，通常是啜入一口茶湯後，用口吸氣，讓茶湯在舌的兩端來回滾動，讓舌的各個部位充分感受茶湯的滋味，之後徐徐嚥下，慢慢體味齒頰留香的感覺。

■ 品白茶

白茶分為新白茶和老白茶。新白茶口感較為清淡，品飲時會有一種茶青味，清新宜人，鮮爽可口。老白茶在茶湯顏色上要比新白茶深一些，頭泡會帶有淡淡的中藥味，口感醇厚清甜。

■ 品黃茶

黃茶的特徵是黃葉、黃湯，茶湯明亮，香氣清雅，滋味醇和鮮爽，回甘較強。品飲時，自觀乾茶始，至觀葉底止，將觀色、聞香、品味貫穿全過程。

■ 品花茶

品飲花茶之前先聞香，優質花茶的香氣應純淨、鮮活，茶香與花香並現。待茶湯稍涼適口的時候，小口喝入，使茶湯在口中稍稍停留，之後以口吸氣、鼻呼氣相配合的動作，使茶湯在舌面上往返流動，充分與味蕾接觸，然後再嚥下。花茶茶香與花香交織，感覺花朵存於脣舌之間，並香透肺腑。

茉莉花茶

■ 品鑑乾茶

品鑑乾茶時，應注意以下四點：

①茶葉的乾燥度。乾茶的含水量應控制在3%～5%。

②茶形是否勻整。

③乾茶色澤、油潤度是否符合該類茶的特徵。

滇紅乾茶

④乾茶是否有應有的清香，有無異味。

■ 品鑑茶香

①最適合嗅聞茶湯香氣的溫度是45～55℃，如果超過此溫度會感到燙鼻；低於30℃時，對煙、木氣等氣味很難辨別。

②嗅聞茶香的時間不宜過長，以免因嗅覺疲勞而失去靈敏度。

③聞香過程：吸1秒－停0.5秒－吸1秒，按這樣的方法嗅出茶葉的高溫香、中溫香和冷香。

④在聞香的過程中應辨別茶香有無煙味、油臭味、焦味及其他異味，同時聞出香氣的高低、長短、強弱、清濁、純雜。

■ 品鑑滋味

①品味茶湯的溫度以40～50℃為宜。高於70℃時，味覺器官易燙傷；低於30℃時，味覺器官的靈敏度較差。

②品味的方法：將5毫升茶湯在三四秒內在口中迴旋兩次、品味三次。

③品味茶湯滋味的重點是茶湯的濃淡、強弱、爽澀、鮮滯、純雜。

④注意事項：速度不能快，不宜大量吸入，以免食物殘渣從齒間被吸入口腔與茶湯混合，影響茶湯滋味的辨別；不能吃刺激性的食物，如辣椒、蔥蒜、糖果等；不宜吸菸、飲酒，以保持味覺的靈敏度。

■ 品鑑葉底

品鑑葉底靠觸覺和視覺。應注意以下三點：

①辨別葉底的老嫩度。

②辨別葉底的均勻度、軟硬、薄厚和光澤度。

③辨別葉底有無雜質和異常損傷。

烏龍茶葉底

綠茶葉底